# 围产期奶牛饲养管理关键技术

孙 鹏 编著

中国农业科学技术出版社

**图书在版编目（CIP）数据**

围产期奶牛饲养管理关键技术 / 孙鹏编著. —北京：中国农业科学技术
出版社，2020.9

ISBN 978-7-5116-4772-6

Ⅰ.①围… Ⅱ.①孙… Ⅲ.①乳牛–围产期–饲养管理 Ⅳ.①S823.9

中国版本图书馆 CIP 数据核字（2020）第 092101 号

| | | |
|---|---|---|
| **责任编辑** | 金　迪　崔改泵 | |
| **责任校对** | 马广洋 | |

| | | |
|---|---|---|
| **出 版 者** | 中国农业科学技术出版社 | |
| | 北京市中关村南大街 12 号　邮编：100081 | |
| **电　　话** | （010）82109194（编辑室）　（010）82109702（发行部） | |
| | （010）82109709（读者服务部） | |
| **传　　真** | （010）82109698 | |
| **网　　址** | http://www.castp.cn | |
| **经 销 者** | 各地新华书店 | |
| **印 刷 者** | 北京建宏印刷有限公司 | |
| **开　　本** | 710mm×1 000mm　1/16 | |
| **印　　张** | 7.5 | |
| **字　　数** | 119 千字 | |
| **版　　次** | 2020 年 9 月第 1 版　2020 年 9 月第 1 次印刷 | |
| **定　　价** | 46.00 元 | |

# 《围产期奶牛饲养管理关键技术》

## 编著委员会

主 编 著：孙　鹏

副主编著：马峰涛

编著人员（按姓氏笔画排序）：

王飞飞　李洪洋　沃野千里

金宇航　金　迪　单　强

高　铎　常美楠

# 前　言

　　当下正是"新冠肺炎"疫情防控和经济社会发展的关键时期。各行各业均在胆大心细之中逐步复工，奶业作为健康中国、强壮民族不可或缺的产业，受疫情影响，其产业链秩序遭受冲击，生产面临诸多困难和挑战。针对奶业振兴工作，党中央国务院高度重视，疫情防控期间更是将牛奶明确纳入民生必需品和疫情防控重点保障物资之列，并出台了多项利好政策促进企业做好疫情防控和稳产保供。据中国奶业协会不完全统计，自2020年1月30日至今，中央及相关部委累计发布奶业相关政策72条，其中47条与疫情防控期间企业稳产保供直接相关。可见，奶业发展对国家和民族的重要性。

　　奶牛围产期通常包括分娩前后的两个阶段，由妊娠后期开始至泌乳初期结束。围产期是奶牛整个泌乳期最重要的一个时期，在这一时期奶牛需经历干奶、分娩以及泌乳3个不同的生理阶段，相对应的营养需要、生理状况和代谢水平将发生巨大变化，尤其对于初产奶牛，这种变化带来极大的生理性应激，将导致奶牛的生产和管理受到巨大挑战。另外，围产期奶牛的饲养管理又关乎奶牛生产性能的发挥以及犊牛的健康状况，因而该阶段成为奶牛泌乳周期中最为关键的时期。

　　本书系统全面地介绍了围产期奶牛饲养管理过程中的关键技术，结合围产期奶牛干奶、分娩以及泌乳3个生理阶段的生物学特性，从奶牛福利角度，全面探讨了围产期奶牛各个生理阶段的营养需求和核心的饲养管理技术。全书共分为十章，主要内容包括：牛的品种、围产期奶牛的概述、围产期奶牛的繁殖、围产期奶牛的消化生理、围产期奶牛的营养需要、围产期奶牛的饲料资源及其利用、围产期奶牛的饲养管理、新生犊牛的护理与饲养管理、围产期奶牛的疾病防治和围产期奶牛的福利要求，为牧场管理奶牛提供科学指导。

本书是在国家重点研发计划（2018YFD0500703，2016YFD0500507-3）、国家高层次人才特殊支持计划及中国农业科学院科技创新工程（ASTIP-IAS07）资助下完成。本书是多人智慧的结晶，在此由衷地感谢参与书稿编著的各位老师和同学。

鉴于作者水平有限，书中的疏漏与不足之处在所难免，敬请广大读者批评指正。

**编著者**

2020 年 4 月

# 目　　录

第一章　牛的品种 ……………………………………………… 1

　第一节　奶牛品种 …………………………………………… 1

　第二节　肉牛品种 …………………………………………… 6

　第三节　乳肉兼用牛品种 …………………………………… 8

　第四节　中国黄牛品种及其改良 …………………………… 11

第二章　围产期奶牛的概述 …………………………………… 18

　第一节　干奶期奶牛的生物学特性 ………………………… 18

　第二节　围产期奶牛的生物学特性 ………………………… 20

　第三节　分娩期奶牛的生物学特性 ………………………… 23

第三章　围产期奶牛的繁殖 …………………………………… 26

　第一节　围产期奶牛的生殖生理 …………………………… 26

　第二节　牛的繁殖技术 ……………………………………… 29

第四章　围产期奶牛的消化生理 ……………………………… 40

　第一节　消化道结构特点 …………………………………… 40

　第二节　围产期奶牛的消化吸收特点 ……………………… 45

第五章　围产期奶牛的营养需要 ……………………………… 54

　第一节　配方设计原则 ……………………………………… 54

　第二节　围产期奶牛的营养需要 …………………………… 56

　第三节　日粮配制技术 ……………………………………… 57

第六章　围产期奶牛的饲料资源及其利用 …………………… 60

　第一节　围产期奶牛的饲料资源 …………………………… 60

　第二节　围产期奶牛饲料的相关加工技术 ………………… 69

第七章　围产期奶牛的饲养管理 ……………………………… 75

　第一节　干奶期奶牛的饲养管理 …………………………… 75

第二节 围产期奶牛的饲养管理 ……………………………… 78

**第八章 新生犊牛的护理与饲养管理** …………………………… 82

第一节 新生犊牛的产后护理 …………………………………… 82

第二节 犊牛的饲养管理 ………………………………………… 83

**第九章 围产期奶牛的疾病防治** ……………………………… 87

第一节 围产期奶牛的生殖系统疾病 …………………………… 87

第二节 围产期奶牛的营养代谢病 ……………………………… 91

**第十章 围产期奶牛的福利要求** ……………………………… 96

第一节 生理福利 ………………………………………………… 96

第二节 环境福利 ………………………………………………… 98

第三节 卫生福利 ……………………………………………… 100

第四节 行为与心理福利 ……………………………………… 102

**参考文献** ……………………………………………………… 107

# 第一章 牛的品种

## 第一节 奶牛品种

### 一、荷斯坦奶牛

荷斯坦奶牛是我国奶牛中的主体。中国荷斯坦奶牛原称黑白花奶牛，于 1992 年更名为"中国荷斯坦奶牛"。本品种是通过引进国外各种类型的荷斯坦牛与我国黄牛杂交，并经过长期选育而形成的一个品种，这也是我国唯一的奶牛品种（图 1-1，https://baike.baidu.com/pic）。

图 1-1 荷斯坦牛

中国荷斯坦奶牛多属于乳用型，具有明显的乳用型牛的外貌特征。其外貌特点为：全身清瘦，棱角突出，体格大而肉不多，活泼精神。后躯较前躯发达，中躯相对发达，皮下脂肪不发达，全身轮廓明显，前躯的头和颈较清秀，相对较小。所以，从侧面观看，背线和腹线之间呈三角形，从后望和从前望也呈三角形。整个牛体像一个尖端在前、钝端在后的圆锥体。奶牛的头清秀而长，角细有光泽，颈细长且有清晰可见的皱纹。胸部深长，肋扁平，肋间宽，背腰强健平直，腹围大而不下垂。皮薄，有弹性，被毛细而有光泽。

乳房是奶牛的重要器官。发育良好的乳房大而深、底线平、前后伸展良好，整个乳房在两股之间附着良好，4 个乳头大小适中，间距较宽。有薄而细致的皮肤，短而稀的细毛，弯曲而明显的乳静脉。

中国荷斯坦奶牛，因受荷兰兼用荷斯坦牛的影响，近似兼用型。毛色一般为黑白相间，花层分明，额部多有白斑；腹底部、四肢膝关节以下及尾端多呈白色。体质细致结实，体躯结构匀称，泌乳系统发育良好，蹄质坚实。

中国荷斯坦奶牛因在培育过程中各地引进的荷斯坦公牛和本地母牛的类型不一、奶牛的种类以及饲养条件的差异，其体型分大、中、小 3 种类型。

（1）大型。主要通过从美国、加拿大引进的荷斯坦公牛与本地母牛长期杂交和横交培育而成。特点是体型高大，成年母牛体高可达 136cm 以上。

（2）中型。主要是通过从日本、德国等引进的中等体型的荷斯坦公牛与本地母牛杂交和横交培育而成。成年母牛体高在 133cm 以上。

（3）小型。主要通过从荷兰等欧洲国家引进的兼用型荷斯坦公牛与本地母牛杂交，或通过北美荷斯坦公牛与本地小型母牛杂交培育而成。成年母牛体高在 130cm 左右。

自 20 世纪 70 年代以来，由于冷冻精液人工授精技术的广泛推广，各省（区、市）的优秀公牛精液相互交换，以及牛饲养管理条件的不断改善，以上 3 种类型奶牛的差异也在逐步缩小。

## 二、娟姗牛

娟姗牛是奶牛著名的品种（图 1-2，https://baike.baidu.com/pic）。

该品种在血统上与瑞士褐牛、德温牛和凯瑞牛有关系，而与荷斯坦牛没有关系。该品种在早期的培育过程中，曾被称为奥尔德尼牛。1850 年首批娟姗牛被引入美国，1868 年美国娟姗牛俱乐部成立，从事娟姗牛的商务运作。娟姗牛是主要乳用牛品种中体型最小的品种之一。该品种与其他品种相比，以耐热性强、采食性好、乳脂率和乳蛋白率较高而著称。另外，耐粗饲也是娟姗牛的一个重要特点。

图1-2　娟姗牛

娟姗牛原产于英吉利海峡的泽西岛，也称为哲尔济岛，该岛位于英国和法国之间，气候温和，水草丰富，适宜牛、羊等家畜的放牧。娟姗牛的品种起源存在不同的说法，一种说法是娟姗牛原始来源于西欧野牛，另一种说法是娟姗牛起源于非洲原始牛品种，这也是该种具有较好耐热性的原因。

虽然确切的品种原始起源已无据可考，但是娟姗牛品种培育历史却是清晰可循的，18 世纪已闻名世界。为保持品种的纯化，英国曾先后于1763 年和 1789 年发布禁止其他牛品种引进泽西岛的法令，长期封闭自繁。娟姗牛大概育成于 17 世纪，经过 18 世纪的长期近交和选育，而初具品种特性，1844 年英国娟姗牛品种协会的成立标志着娟姗牛品种的正式形成。

娟姗牛是典型的小型乳用牛，具有细致紧凑的优美体态。头小而轻，两眼间距离宽，眼大而有神，额部稍凹，耳大而薄。角中等大，琥珀色，角尖黑，向前弯曲。颈薄且细，有明显的皱褶，颈垂发达，甲狭锐，胸深宽，背腰平直，尾细长，尾帚发达。尻部方平，后腰较前躯发达，侧望呈楔形，四脚端正，站立开阔，骨骼细致，关节明显。乳房多为方圆形，发育匀称，质地柔软，但乳头略小，乳静脉暴露。被毛短细具有光泽，毛色为灰褐、浅褐及深褐色，以浅褐色为主。腹下及四肢内侧毛色较淡，鼻镜及尾帚为黑色，嘴、眼圈周围有浅色毛环。娟姗牛一般年平均产奶量为 3 500kg，乳脂率平均为 5.5%～6%，乳脂色黄而风味好。娟姗牛性成熟早，一般 15～16 月龄便开始配种。娟姗牛成年公牛体重 650～750kg，体高 123～130cm；成年母牛体重 350～450kg，体高 111～120cm，体长 133cm，胸围 154cm，管围 15cm；犊牛初生重 23～27kg。

## 三、爱尔夏牛

爱尔夏牛属于中型乳用牛，原产于英国爱尔夏郡（图 1-3，https://bkimg.cdn.bcebos.com/pic/）。广西①、湖南等省（区）曾有引进。爱尔夏牛起源于苏格兰，1837 年引入美国。该品种牛平均年产奶量为 8 181kg，乳脂率 4%，乳蛋白率 3.5%。爱尔夏牛为红白花牛，其红色有深有浅，变化不一，被毛白色带红褐斑。角尖长，垂皮小，背腰平直，乳房宽阔，乳头分布均匀。

爱尔夏牛属于中型乳用品种，原产于英国爱尔夏郡。该牛种最初属肉用，1750 年开始引用荷斯坦牛、更赛牛、娟姗牛等乳用品种杂交改良，于 18 世纪末育成为乳用品种。爱尔夏牛以早熟、耐粗饲、适应性强为特点，先后出口到日本、美国、芬兰、澳大利亚、加拿大、新西兰等 30 多个国家。

爱尔夏牛牛角细长，形状优美，角根部向外方凸出，逐渐向上弯，尖端稍向后弯，为蜡色，角尖呈黑色。体格中等，结构匀称，被毛为红白花。该品种外貌的重要特征是其奇特的角形及被毛有小块的红斑或红白纱毛。鼻镜、眼圈浅红色，尾帚白色。乳房发达，发育匀称呈方形，乳头中等大小，乳静脉明显。成年公牛体重 800kg，母牛体重 550kg，体

---

① 广西壮族自治区简称，全书同。

图 1-3 爱尔夏牛

高 128cm，犊牛初生重 30~40kg。爱尔夏牛的产奶量一般低于荷斯坦牛，但高于娟姗牛和更赛牛。美国爱尔夏登记牛年平均产奶量为 5 448kg，乳脂率 3.9%，个别高产群体年平均产奶量达 7 718kg，乳脂率 4.12%。美国爱尔夏牛最高个体，每天 2 次挤奶，305d 产奶量为 16 875kg，乳脂率 4.28%；365d 最高产奶记录为 18 614 kg，乳脂率 4.39%。

## 四、更赛牛

更赛牛属于中型乳用品种，原产于英国更赛岛（图 1-4，http://www.360yangzhi.com/file/upload/201812/21/164124436562.png）。该岛距娟姗岛仅 35km，故气候与娟姗岛相似，雨量充沛，牧草丰盛。1877 年成立更赛牛品种协会，1878 年开始良种登记。19 世纪末开始输入中国，1947 年又输入一批，主要饲养在我国华东、华北地区。目前，在中国纯种更赛牛已绝迹。

更赛牛头小，额狭，角较大，向上方弯。颈长而薄，体躯较宽深，后躯发育较好，乳房发达，呈方形，但不如娟姗牛匀称。被毛为浅黄或金黄色，也有浅褐色个体；腹部、四肢下部和尾帚多为白色，额部常有白星，鼻镜为深黄或肉色。成年公牛体重 750kg，母牛体重 500kg，体高 128cm，犊牛初生重 27~35kg。

1992 年美国更赛牛登记牛年平均产奶量为 6 659kg，乳脂率 4.49%，乳蛋白率 3.48%。更赛牛以高乳脂、高乳蛋白以及奶中较高的胡萝卜素

图 1-4 更赛牛

含量而著名。同时，更赛牛的单位奶量饲料转化效率较高，产犊间隔较短，初次产犊年龄较早，耐粗饲，易放牧，对温热气候有较好的适应性。

# 第二节 肉牛品种

肉牛即肉用牛，是一类以生产牛肉为主的牛。特点是体躯丰满、增重快、饲料利用率高、产肉性能好，肉质口感好。肉牛不仅为人们提供肉用品，还为人们提供其他副食品。肉牛养殖的前景广阔，供宰杀食用的肉牛，在中国数量多且生产效益好的主要包括夏洛莱牛、利木赞牛等优良品种。

## 一、夏洛莱牛

夏洛莱牛原产于法国中西部到东南部的夏洛莱省和涅夫勒地区，是举世闻名的大型肉牛品种，自育成以来就以其生长快、肉量多、体型大、耐粗放而受到国际市场的广泛欢迎，早已输往世界许多国家（图1-5，https://bkimg.cdn.bcebos.com/pic）。夏洛莱牛早期生长发育快，12月龄体重可达 500kg 以上。初生 400d 内平均日增重 1.18kg，屠宰率 62.2%。

图 1-5　夏洛莱牛

该牛最显著的特点是被毛为白色或乳白色，皮肤常有色斑，全身肌肉特别发达，骨骼结实，四肢强壮。夏洛莱牛头小而宽，角圆而较长，并向前方伸展，角质蜡黄、颈粗短，胸宽深，肋骨方圆，背宽肉厚，体躯呈圆筒状，肌肉丰满，后臀肌肉很发达，并向后和侧面突出，常形成"双肌"特征。成年活重，公牛平均为 1 100～1 200kg，母牛平均为700～800kg。初生公犊牛重 45kg，母犊牛重 42kg。

夏洛莱牛在生产性能方面表现出的最显著特点是：生长速度快，瘦肉产量高。在良好的饲养条件下，6 月龄公犊牛可达 250kg，母犊牛210kg，日增重可达 1.4kg。

## 三、利木赞牛

利木赞牛原产于法国中部的利木赞高原，并因此得名。在法国，其主要分布在中部和南部的广大地区，数量仅次于夏洛莱牛，育成后于 20世纪 70 年代初输入欧美各国，现在世界上许多国家都有该牛分布，属于专门化的大型肉牛品种。1974 年和 1993 年，我国数次从法国引入利木赞牛，在河南、山东、内蒙古①等地改良当地黄牛。

---

①　内蒙古自治区简称，全书同。

利木赞牛毛色为红色或黄色，口、鼻、四肢内侧及尾帚毛色较浅，角为白色，蹄为红褐色。头较短小，额宽，胸部宽深，体躯较长，后躯肌肉丰满，四肢粗短。平均成年体重：公牛1 200kg、母牛600kg；在法国较好饲养条件下，公牛活重可达1 200~1 500kg，母牛达600~800kg。

利木赞牛头短、嘴较小、额宽、有角，母角细向前弯曲。胸宽，肋圆，背腰较短，尻平，后躯特别发达，前肢肌肉发达，四肢强壮，全身肌肉丰满。骨骼较夏洛来牛细。被毛硬，毛色由黄到红，背部毛色较深，腹部较浅。

利木赞牛产肉性能高，胴体质量好，眼肌面积大，前后肢肌肉丰满，出肉率高，在肉牛市场上很有竞争力。集约饲养条件下，犊牛断奶后生长很快，10月龄体重即达408kg，12月龄体重可达480kg，哺乳期平均日增重为0.86~1.3kg。该牛在幼龄期，8月龄小牛就可生产出具有大理石纹的牛肉，因此，是法国等一些欧洲国家生产牛肉的主要品种。

利木赞牛体格大、生长快、肌肉多、脂肪少，腿部肌肉发达，体躯呈圆筒状。早期生长速度快，并以产肉性能高、胴体瘦肉多而出名，是杂交利用或改良地方品种时的优秀父本。不同的品种在体格、体型方面有所差异，促使肉牛在生长率、产肉量和胴体组成方面表现出较大差异。在育肥期，利木赞牛平均日增重1.5~2kg，12月龄可达680~790kg。而地方品种日增重仅有0.9~1.0kg，可见差距之大。

# 第三节　乳肉兼用牛品种

## 一、兼用荷斯坦牛

荷斯坦牛原产于荷兰北部的北荷兰省和西弗里生省，其后代分布到荷兰全国乃至法国北部以及德国的荷斯坦省。荷斯坦牛引入美国后，最初成立了两个奶牛协会，即美国荷斯坦牛育种协会和美国荷兰弗里生牛登记协会，1885年两协会合并成美国荷斯坦—弗里生牛协会，从而得荷斯坦—弗里生牛之名。在荷兰和其他欧洲国家则称之为弗里生牛。该牛被毛为黑白相间的斑块，因此又称之为黑白花牛。

荷斯坦牛的起源已不可考，据对其头骨的研究，认为是欧洲原牛的后裔。品种的形成与原产地的自然环境和社会经济条件密切相关。荷兰地势低洼，全国有1/3的土地低于海平面，土壤肥沃，气候温和，全年气温在2~17℃，雨量充沛，年降水量为550~580mm，牧草生长茂盛，草地面积大，且沟渠纵横贯穿，形成了天然的放牧栏界，是放牧饲养奶牛的天然宝地。同时，历史上荷兰曾是欧洲一个重要的海陆交通枢纽，商业发达，干酪和奶油随着发达的海路交通输往世界各地。由于荷斯坦牛及其乳制品出口销量大，促进了奶牛的选育及品质的提高。

荷斯坦牛风土驯化能力强，世界大多数国家均能饲养。经各国长期的驯化及系统选育，育成了各具特征的荷斯坦牛，并冠以该国的国名，如美国荷斯坦牛、加拿大荷斯坦牛、日本荷斯坦牛、中国荷斯坦牛等。

兼用型荷斯坦牛体格略小于乳用型，体躯低矮宽深，皮肤柔软而稍厚，尻部方正。四肢短而开张，肢势端正，侧望略偏矩形。乳房发育匀称，前伸后展，附着好，多呈方圆形。毛色与乳用型相同，但花片更加整齐美观。成年公牛体重900~1 100kg，母牛体重550~700kg，犊牛初生重35~45kg。

兼用型荷斯坦牛的平均产奶量较乳用型低，年产奶量一般为4 500~6 000kg，乳脂率为3.9%~4.5%，个体高产者可达10 000kg以上。

兼用型荷斯坦牛的肉用性能较好，经肥育的公牛，500日龄平均活重为556kg，屠宰率为62.8%。该牛在肉用方面的一个显著特点是肥育期日增重高，据丹麦1967—1970年测定的517头荷斯坦小公牛的平均日增重为1 195g，淘汰的母牛经100~150d肥育后屠宰，其平均日增重为0.9~1kg。

## 二、西门塔尔牛

西门塔尔牛原产于瑞士阿尔卑斯山区，并不是纯种肉用牛，而是乳肉兼用品种。由于西门塔尔牛产奶量高，产肉性能也并不比专门化肉牛品种差，役用性能也很好，是乳、肉、役兼用的大型品种。中国于1981年成立西门塔尔牛育种委员会，建立健全了纯种繁育及杂交改良体系，开展了良种登记和后裔测定工作。中国西门塔尔牛由于培育地点的生态环境不同，分为平原、草原、山区3个类群，种群规模达100万头（图1-6，https://ns-strategy.cdn.bcebos.com）。该品种被毛颜色为黄白花或红白花。3个类群牛的体高分别为130.8cm、128.3cm和127.5cm；体长分别为165.7cm、147.6cm和143.1cm。犊牛初生重平均41.6kg，6月龄重199.4kg，12月龄重324kg，18月龄重434kg，24月龄重592kg。产奶量平均4 300kg，乳脂率4.0%。

图1-6　中国西门塔尔牛

我国自20世纪初就开始引入西门塔尔牛，到1981年我国已有纯种该牛3 000余头，杂交种50余万头。西门塔尔牛改良各地的黄牛，都取得了比较理想的效果。1990年山东省畜牧局牛羊养殖基地引进该品种，此品种被畜牧界称为"全能牛"。我国从国外引进肉牛品种始于20世纪初，但大部分都是新中国成立后才引进的。西门塔尔牛在引进我国后，对我国各地的黄牛改良效果非常明显，杂交一代的生产性能一般都能提高30%以上。

山东省畜牧局牛羊养殖基地试验证明，西杂一代牛的初生重为33kg，本地牛仅为23kg。平均日增重，杂种牛6月龄为608.09g，18月龄为519.90g，本地牛相应为368.85g和343.24g。6月龄和18月龄体重，杂种牛分别为144.28kg和317.38kg，而本地牛相应为90.13kg和210.75kg。在产奶性能上，从全国商品牛基地县的统计资料来看，207d

的泌乳量，西杂一代为 1 818kg，西杂二代为 2 121.5kg，西杂三代为 2 230.5kg。

中国西门塔尔牛体躯深宽高大，结构匀称，体质结实，肌肉发达，行动灵活，被毛光亮，毛色为红（黄）白花，花片分布整齐，头部白色或带眼圈，尾梢、四肢和腹部为白色，蹄蜡黄色，鼻镜肉色，乳房发育充分，质地很好，品种性能特征明显，且遗传稳定，适应性好，抗病力强，耐粗饲，分布范围广。

在良好的饲养管理条件下，西门塔尔牛有较高的产奶量，且综合产肉性能也表现突出。选育出的 2 178 头核心群母牛产奶量达到年均 4 300kg 以上，乳脂率达到 4.0%。97 头经强度肥育的杂交改良牛在 18~22 月龄时平均体重为 573.6kg，屠宰率 61.0%，净肉率 50.02%，核心育种群每年提供一级种公牛 250 头，用于我国肉用牛杂交改良供种达 60%，起步早的地区已进入多种育种方式自群选育发展阶段。改良牛 1、2、3 代的年泌乳量分别达 1 500kg、2 500kg、3 500kg。

## 第四节 中国黄牛品种及其改良

黄牛是中国最常见的一种家牛，也是分布最广、功用最大的牛种。各地黄牛在体态和性能上有所差异，一般分为蒙古牛、华北牛和华南牛三大类型。蒙古牛中的三河牛，华北牛中的秦川牛、南阳牛、鲁西牛，华南牛中的海南牛、上海塘脚牛以及广西牛等，都是黄牛中的优良品种，它们大多以役用为主。

### 一、蒙古牛——三河牛

三河牛是中国培育的乳肉兼用品种，产于内蒙古呼伦贝尔的额尔古纳市三河地区，三河分别是根河、得耳布尔河、哈布尔河。三河牛品种盛多（西门塔尔牛、西伯利亚牛、俄罗斯改良牛、后贝加尔土种牛、塔吉尔牛、雅罗斯拉夫牛、瑞典牛和日本北海道荷兰牛），通过复杂杂交、横交固定和选育提高而形成。1986 年 9 月，被内蒙古自治区人民政府正式验收命名为"内蒙古三河牛"（图 1-7，https://bkimg.cdn.bcebos.com）。

图1-7　三河牛

三河牛体格高大结实，肢势端正，四肢强健，蹄质坚实。有角，角稍向上、向前方弯曲，少数牛角向上。乳房大小中等，质地良好，乳静脉弯曲明显，乳头大小适中，分布均匀。毛色为红（黄）白花，花片分明，头白色，额部有白斑，四肢膝关节下部、腹部下方及尾尖为白色。成年公、母牛的体重分别为1 050kg和547.9kg，体高分别为156.8cm和131.8cm。犊牛初生重，公犊为35.8kg，母犊为31.2kg。6月龄体重，公牛为178.9kg，母牛为169.2kg。从断奶到18月龄之间，在正常的饲养管理条件下，平均日增重为0.5kg，从生长发育上，6岁以后体重停止增长，三河牛属于晚熟品种。

三河牛产奶性能好，年平均产奶量为4 000kg，乳脂率在4%以上。在良好的饲养管理条件下，其产奶量显著提高。谢尔塔拉种畜场的8144号母牛，1977年第五泌乳期（305d）的产奶量为7 702.5kg，360d的产奶量为8 416.6kg，是呼伦贝尔三河牛单产最高记录。三河牛的产肉性能好，2~3岁公牛的屠宰率为50%~55%，净肉率为44%~48%。

三河牛耐粗饲、耐寒、抗病力强，适合放牧。三河牛对各地黄牛的改良都取得了较好的效果。三河牛与蒙古杂种牛的体高比当地蒙古牛提高了11.2%，体长增长了7.6%，胸围增长了5.4%，管围增长了6.7%。在西藏林芝地区的海拔2 000m处，三河牛不仅适应性强，而且被改良的杂种牛的体重比当地黄牛增加了 29%～97%，产奶量也提高了一倍。由于三河牛来源复杂，个体间差异大，不管是在外貌上还是在生产性能上都表现很出色。

# 二、华北牛

## （一）秦川牛

秦川牛毛色以紫红色和红色居多，占总数的 80% 左右，黄色较少。头部方正，鼻镜呈肉红色，角短，呈肉色，多为向外或向后稍弯曲；体型大，各部位发育均衡，骨骼粗壮，肌肉丰满，体质强健；肩长而斜，前躯发育良好，胸部深宽，肋长而开张，背腰平直宽广，长短适中，荐骨部稍隆起，一般多是斜尻；四肢粗壮结实，前肢间距较宽，后肢飞节靠近，蹄呈圆形，蹄叉紧、蹄质硬，毛色有紫红、红、黄 3 种，绝大部分为红色（图 1-8，https://bkimg.cdn.bcebos.com/pic），肉用性能：秦川牛肉用性能良好，成年公牛体重 600～800kg，易于育肥，肉质细致，瘦肉率高，大理石花纹明显。18 月龄育肥牛平均日增重为 550g（母）或 700g（公），平均屠宰率达 58.3%，净肉率 50.5%。

**图 1-8 秦川牛**

### (二) 南阳黄牛

南阳黄牛位居全国五大良种黄牛之首，其特征主要体现为：体躯高大，力强持久，肉质细，香味浓，大理石花纹明显，皮质优良（图1-9，https://bkimg.cdn.bcebos.com/pic）。南阳黄牛役用性能、肉用性能及适应性能俱佳。

**图1-9　南阳黄牛**

南阳黄牛属大型役肉兼用品种。体格高大，肌肉发达，结构紧凑，皮薄毛细，行动迅速，鼻颈宽，口大方正，肩部宽厚，胸骨凸出，肋间紧密，背腰平直，荐尾略高，尾巴较细。四肢端正，筋腱明显，蹄质坚实。牛头部雄壮方正，额微凹，颈短厚稍呈方形，颈侧多有皱襞，肩峰隆起8~9cm，肩胛斜长，前躯比较发达，睾丸对称。母牛头清秀，较窄长，颈薄呈水平状，长短适中，一般中后躯发育较好。但部分牛存在胸部深度不够，尻部较斜和乳房发育较差的缺点。

南阳黄牛的毛色有黄、红、草白3种，以深浅不等的黄色为最多，占80%，红色、草白色较少。一般牛的面部、腹下和四肢下部毛色较浅，鼻颈多为肉红色，其中部分带有黑点，鼻黏膜多数为浅红色。蹄壳以黄蜡色、琥珀色带血筋者为多。公牛角基较粗，以萝卜头角和扁担角为主；母牛角较细、短，多为细角、扒角、疙瘩角。公牛最大体重可达1 000kg以上。

### （三）鲁西牛

鲁西牛亦称"山东牛"，是中国黄牛的优良地方品种（图1-10，https：//bkimg.cdn.bcebos.com/pic）。原产于山东西南地区，主要产于山东省西南部的菏泽和济宁两地区，北自黄河、南至黄河故道、东至运河两岸的三角地带。鲁西牛是中国中原地区四大牛种之一，以优质育肥性能著称。成年公牛体重500kg以上，母牛350kg以上。挽力大而耐持久，性温驯，易肥育，肉质良好。

**图1-10　鲁西牛**

该牛体躯高大，身稍短，骨骼细，肌肉发达，背腰宽平，侧望为长方形。被毛淡黄或棕红色，眼圈、口轮和腹下、四肢内侧为粉色。毛细、皮薄有弹性，角多为龙门角或倒八字角。

鲁西牛体躯结构匀称，细致紧凑，具有较好的役肉兼用体型。公牛多平角或龙门角；母牛角形多样，以龙门角较多。垂皮较发达，公牛肩峰高而宽厚，胸深而宽，而后躯发育较差，尻部肌肉不够丰满，体躯前高后低。母牛鬐甲较低平，后躯发育较好，背腰较短而平直，尻部稍倾斜，关节干燥，筋腱明显，前肢多呈正肢势，或少有外向，后肢弯曲度小，飞节间距离小，蹄质致密但硬度较差，不适于山地使役。尾细而长，尾毛有弯曲，常扭生一起呈纺锤状。被毛从浅黄到棕红色都有，而以黄色最多，占70%以上，一般牛前躯毛色较后躯深，公牛较母牛深。

多数牛有完全或不完全的"三粉"特征（指眼圈、口轮、腹下与四肢内侧色淡），鼻镜与皮肤多为淡肉红色，部分牛鼻镜有黑点或黑斑。角色蜡黄或琥珀色，角形多为平角和龙门角。多数牛尾帚毛色与体毛一致，少数牛在尾帚长毛中混生白毛或黑毛。

不同类型鲁西牛的主要外貌特点为：个体高大，体躯较短，四肢长，侧视呈近正方形，角形多为龙门角和倒八字角，毛色较浅，黄色较多，"三粉"特征明显。行走步幅大，速度快，适于挽车运输，但持久力略差。

# 三、华南牛

## （一）海南黄牛

海南黄牛又称高峰黄牛，主要特征是肩峰隆起，外表略似印度瘤牛，头长、额短、耳大、角短小、十字部高、体幅较广、四肢坚细、皮肤柔软而富有弹性、被毛短密、尾长（图1-11，https://bkimg.cdn.bcebos.com/pic）。海南黄牛于2003年列入《中国畜禽品种资源保护名录》，海南黄牛的公牛肩峰非常发达，一般高7~19cm。4~5岁的公牛峰高平均为15cm（12~19cm），阉牛峰高平均为11cm（6~14cm），其大小与去势

图1-11　海南黄牛

年龄有关；2~3岁公牛峰高平均为7cm（6~12cm）。母牛的肩峰较低或不明显。当地群众认为肩峰分为2种，一种是峰顶较宽而厚，称为"盘型"峰；另一种是峰顶较夹而薄，称为"鸡冠型"峰。

海南黄牛成年公牛平均体重达293~384kg，最重达419kg；成年母牛平均体重达260kg，最重达408kg；阉牛平均体重312~331kg。海南黄牛属中度体型，体斜长指数为107%~117%，胸围指数为132%~139%。

## （二）上海荡脚牛

上海荡脚牛，又名"塘脚牛"，是我国大型黄牛品种之一。荡脚牛体型大，体躯丰满，前躯大于后躯。公牛鬐甲高，母牛较平坦。毛色随季节而变化，春黑、秋红、冬枣骝。荡脚牛成年体重420~500kg。成年公牛体高135cm，体斜长162cm，胸围183cm，胸深75cm，十字部高129cm，管围18.5cm；母牛体高126cm，体斜长149cm，胸围176cm，胸深68cm，十字部高121cm，管围17.6cm。荡脚牛主要为役用，使役能力较强，力大持久。

# 第二章 围产期奶牛的概述

## 第一节 干奶期奶牛的生物学特性

干奶期处于相邻两个泌乳期之间，此段时期一般持续 50~70d，此阶段奶牛停止泌乳，是保障乳腺组织恢复和再生的时期。同时，由于奶牛在妊娠期和泌乳期采食了大量精、粗饲料以满足胎儿生长和自身生产需要，因此，干奶期也成为奶牛消化系统的恢复时期。奶牛在这一时期需保证体内贮存足够的脂肪、蛋白质、维生素和矿物质等营养物质，以便为即将到来的下一个泌乳期奠定基础。近年来的研究发现，干奶期也是治疗实际生产中一些多发性疾病的最佳时期。因此，若在干奶期饲养管理不当，不仅会增加奶牛患乳热症、乳房炎、酮病的几率，也会影响围产期胎儿的发育和泌乳期奶牛生产潜能的发挥。

### 一、体重与体况

干奶期奶牛的体况对于其下一阶段生产性能的发挥存在预测作用，体况评分良好的奶牛对于妊娠期胎儿的发育以及泌乳期产奶量的提高有促进作用。目前国内外已建立了统一的一套体况评分系统，对特别瘦的牛体况评分定为 1.0 分，特别肥的牛体况评分定为 5.0 分，一般选择干奶期体况维持在 3.0~4.0 分的奶牛为宜。研究表明，奶牛在泌乳期对于日粮的转化效率较干奶期会提升 25% 左右，对于能量的摄入效率也相应有所提高。由于奶牛在泌乳期的增重效率高于干奶期，所以干奶期选取体型较瘦的奶牛对于泌乳中后期奶牛体重的控制具有促进作用。对于初产奶牛，建议选择体况评分保持在 3.0 分左右的奶牛，以减少难产的发生率。

## 二、营养与代谢

奶牛在干奶期的营养需要与泌乳期有所不同。一般情况下，干奶期日粮中粗蛋白的需要很容易得到满足，但日粮中的能量、钙、磷的水平需额外注意。干奶期奶牛的干物质采食量应占体重的 1.7%~2.0%，此时期干物质采食量的多少与粗饲料的组成密切相关。因此，这一时期应充分供给牧草或其他干草类饲料，保证此类饲料的最低采食量不低于奶牛体重的 1%。此外，应降低谷物类饲料的添加，避免将高能量的粗饲料作为唯一的饲料来源，亦需防止精料摄入过多。同时，由于干奶期奶牛对于矿物质的需求不高，为避免奶牛摄入过多的钙和磷，进而增加患乳热症的风险，应保证日粮中的钙磷比控制在 (1.0~1.5)∶1 的范围内，可将饲料中额外补充的钙、磷元素以石粉、硫化钠、氢钙或其混合物的形式添加。对于此时期奶牛的维生素需要而言，饲喂优质牧草或新鲜的牧草已基本满足其对维生素 A 和维生素 E 的需要。若饲喂贮存时间过长或经过热处理的牧草，则应补充适量的维生素 A、维生素 E 和维生素 D。此时期，应尤其限制奶牛对食盐的摄入量，以防乳房组织出现水肿现象，不利于奶牛乳腺组织的功能恢复，影响下一阶段的生产性能。

## 三、行为与管理

对于奶牛的饲喂，此时期应保持定时定量、少喂勤添、先喂后饮的原则，保证奶牛的饲料和饮水充足、洁净、且温度适宜。干奶期内，应尽量延长奶牛的运动时间，增加运动次数，以满足每日 2~3h 的室外活动，保障奶牛维持良好的健康状况，为干奶后期奶牛的适当增重做好准备，以健壮、膘情中等的体况进入下一轮泌乳阶段。同时，应减少挤奶频率，缩短挤奶时间，使其产奶量逐渐降低，利于干奶过程的快速进行，进而有效缩短干奶期。此外，应保持奶牛自身和牛舍的洁净，特别是做好乳房组织的清洁工作。研究显示，干奶期第一周奶牛乳房易受到细菌感染，且40%的乳房炎源于干奶期，因此，实际生产中常将干奶期作为注射乳房炎预防药物的最佳时期。但操作不当的药物注射反而增加了乳房组织内有害细菌感染的风险，所以干奶期注射药物时应注意用先进的挤奶技术将乳腺组织中的残余奶量全部挤出，用消毒液消毒乳头末端后再进行药物注射，注射完毕后立即用消毒液再次浸泡乳头，并保证乳头在药液中至少浸泡30s。

# 第二节  围产期奶牛的生物学特性

围产期通常包括分娩前后的两个阶段，由妊娠后期开始至泌乳初期结束。围产期的计算方式各有不同，例如，根据奶牛全部泌乳周期进行划分，可将干奶后期（即产前3周）至泌乳初期（产后2~3周）统称为围产期；根据泌乳奶牛的阶段饲养进行划分，可将产前60d至产后60d统称为围产期。因目前尚无可遵循的唯一标准，故在实际生产中常将围产期按产前15d至产后15d进行计算，并将产前15d称为围产前期，将产后15d称为围产后期。围产期是奶牛整个泌乳期最重要的一个时期，在这一时期奶牛需经历干奶、分娩以及泌乳3个不同的生理阶段，相对应的营养需要、生理状况和代谢水平将发生巨大变化，尤其对于初产奶牛，这种变化带来极大的生理性应激，将导致奶牛的生产和管理受到巨大挑战，因而该阶段成为奶牛泌乳周期中最为关键的时期。

## 一、体温

奶牛体温变化受其丘脑下部的体温调节中枢控制，一般白天比夜间高，并以午后为最高，早晨为最低。奶牛分娩前2个月的体温始终保持在39℃以上，分娩前2周体温平均在39.4℃以上，分娩前7~8d体温可缓慢增高至39~39.5℃，分娩前12h左右体温则下降0.4~1.2℃，之后逐渐下降至38.7℃±0.15℃，分娩过程中或产后恢复到分娩前的体温。

## 二、呼吸

围产前期，由于胎儿体积的增大，使奶牛横膈膜受到的压力急剧增加。同时由于胎儿的发育使其需氧量升高，引起奶牛的呼吸频率变快、呼吸幅度变浅，逐渐由胸腹式呼吸变为胸式呼吸。

## 三、血液循环系统

围产前期，奶牛心脏发生代偿性肥大，使血液循环系统的血流量增大。骨盆组织血管内血量增加，引起周围毛细血管扩张，静脉血管内有淤血现象出现。围产期内，奶牛子宫的血流量明显增多，子宫内血管扩张变粗，特别是子宫内动脉血管内膜皱褶变厚，与肌肉层的连接略变松弛。奶牛的血钙水平在分娩前几天下降，分娩后恢复至正常水平。奶牛全血黏度、红细胞聚积指数、红细胞压积、血浆黏度等均呈下降趋势。

## 四、消化系统

一般来说，需在妊娠前期对奶牛的饲料配方进行调整，使奶牛摄入额外营养成分，以保障妊娠期内奶牛自身和胎儿发育的营养需要。妊娠前期，奶牛的体重增加迅速。妊娠后期，由于胎儿生长速度增快，导致奶牛胃肠容积被压迫变小，为满足胚胎生长发育的营养需要，奶牛必须增强自身营养物质的代谢水平，具体表现为食欲增加。但由于此时胃肠容积减小，奶牛肠道对饲料的消化和吸收能力不足，母体本身反见消瘦。由于胎儿对矿物质需求的增加，特别是对用于牙齿和骨骼发育的钙、磷的需求更高，致使奶牛自身矿物质的摄入量有所下降，导致奶牛行动困难，牙齿松动损伤。由于肠道对于脂肪的代谢能力受到胃肠容积挤压的抑制，奶牛摄入的脂肪在肝脏的沉积增多，引起肝脏代谢的正常功能被削弱，导致肝脏对内毒素的解毒能力减弱，并且对内毒素的攻击变得非常敏感，不利于奶牛健康状况的保持。同时，由于肝脏正常功能的损伤，饲料进入肠道代谢后产生的过量的氨转换成尿素的能力受到抑制，严重时甚至导致奶牛因氨中毒而死亡。

## 五、生殖和泌尿系统

围产前期这一阶段奶牛体内都存在妊娠黄体，且与周期黄体没有显著差别。不同奶牛个体间妊娠黄体的重量存在较大差异，但奶牛的妊娠时间对妊娠黄体的大小无显著影响。随着妊娠阶段的向后推进，奶牛卵巢和子宫的位置会发生一定变化。由于胎儿的逐渐增大以及羊水的不断增多，奶牛子宫壁会不断扩张变薄，子宫重量和容积不断增加，使子宫壁内受到的张力不断提高，子宫的内压也不断增大。与此同时，子宫内肌细胞的活动有所减弱，黏膜层增厚，血管变粗，利于血液的流入与循环。子宫颈显著收缩，由黏液形成的宫颈塞在分娩前开始逐渐软化，随后流入阴道流出阴门，有时也会吊挂在奶牛阴门外，呈透明索状。随着妊娠的进行，奶牛的子宫韧带逐渐软化，使卵巢和子宫下沉到腹腔，但在妊娠中期被拉入腹腔的子宫颈又会被推回到骨盆腔前缘。例如，妊娠100d 左右的青年母牛，其骨盆前下方 8~10cm 处可摸到妊娠侧卵巢，未妊娠一侧的卵巢则比较靠近骨盆腔。随后，奶牛骨盆韧带开始软化，分娩前 1~2d 奶牛的荐坐韧带后缘会变得非常松软，荐骨两旁组织出现塌陷，此时只能摸到一堆松软组织，但初产奶牛此现象不明显。分娩前约1 周时，奶牛阴唇逐渐软化、肿胀，表面皱襞展平并扩大 2~3 倍，阴道黏膜表面覆盖黏稠的黏液。近分娩时，妊娠牛排尿次数有所增加，但每次尿量又减少，尿液中出现蛋白质。乳房极度膨胀增大、皮肤发红，乳头中充满白色初乳，乳头表面覆盖一层蜡样物质，乳头可挤出少量清亮胶样液体。有些奶牛甚至出现漏乳现象，使乳汁呈滴状或股状流出，漏乳开始后大约 1d 便开始分娩。

## 六、内分泌系统

围产期内，奶牛的内分泌系统将发生剧烈变化。在围产前期，奶牛需调整体内各激素的分泌状态，以便为后续的分娩和泌乳做好准备。妊娠期内，奶牛的甲状腺、甲状旁腺、肾上腺和垂体受到妊娠的影响，体积有所增大，各器官表现为亢进状态，使相应激素的分泌水平有所提高。此外，孕酮含量在整个妊娠期内维持较高水平，雌激素浓度在围产后期有所升高，肾上腺皮质激素和血钙也在分娩前几天呈现下降趋势。

## 七、免疫系统

由于围产期奶牛经历了生理和代谢的应激刺激，导致保证奶牛免疫系统功能正常发挥的营养物质急性缺乏，引起奶牛免疫功能受到抑制，对于各种疾病的抵抗能力大幅降低，致使奶牛患乳房炎和子宫炎等疾病的风险提高。研究表明，围产后期奶牛对外界的免疫应答能力有所降低，非特异性免疫反应活动减少，嗜中性粒细胞的功能减弱，淋巴细胞增殖的数量下降。神经—内分泌—免疫轴是影响宿主防御反应的主要因素，大量激素被释放，反馈性刺激其他器官和组织，调控机体的免疫功能。代谢和妊娠的生理应激，分娩和泌乳引起的神经内分泌状态的变化，可能是影响围产期奶牛免疫状况的重要原因。此外，分娩和泌乳的启动所造成的营养代谢负荷，会导致维持免疫功能所必需的养分出现缺乏，这也是加剧围产期免疫功能受到抑制的原因之一。

## 八、行为表现

奶牛在围产前期会表现出精神抑郁、起卧不安、采食和反刍不规则、排泄量少而次数增多的行为变化。

# 第三节 分娩期奶牛的生物学特性

分娩是奶牛养殖的关键环节，从产前进产房到产后出产房这一时期称为分娩期。奶牛分娩产犊，繁衍出后代，实现扩群和产奶，创造和提高牛场经济效益。分娩期也是奶牛疾病高发的时期，难产、死产、产道损伤、胎衣不下、产后瘫痪、乳房炎、子宫炎和产褥期感染及败血症等疾病是困扰分娩期奶牛健康的重要疾病。因此，做好分娩期的调控管理对于奶牛健康尤为重要。

## 一、体温

待胎儿排出时，奶牛的体温下降至最低点，产后12h体温逐渐上升至38.7℃±0.15℃，多数奶牛在胎衣正常排出后继续保持此温度。少数胎衣正常排出的奶牛分娩后体温回升到39~39.3℃，持续2~6d。胎衣不下的奶牛产后会出现体温较高的现象，体温升至39~39.5℃并持续15~20d后才逐渐下降至正常体温。

## 二、呼吸和脉搏

分娩期内，由于子宫血流量的增加，奶牛会保持妊娠脉搏的存在，这种情况将在产后第4d消失。分娩期奶牛的呼吸频率、脉搏频率都有所加快，子宫开口期时脉搏增至80~90次/min，胎儿产出期将达到80~130次/min，胎衣排出后呼吸与脉搏逐渐恢复至正常。

## 三、血液循环系统

这一时期，奶牛的血钙水平达到最低，由于小肠、肾脏和骨骼对于高钙的需求需要几天的适应时间，因此血钙浓度通常在分娩后几天才能恢复至正常水平。分娩后奶牛血液中总蛋白、碱性磷酸酶、血钙、血清无机磷、血清葡萄糖、甘油三酯、尿素氮的水平低于围产后期。全血黏度、红细胞聚积指数、血浆黏度等均迅速升高。

## 四、生殖和泌尿系统

分娩期是从子宫开始出现阵缩起至胎衣完全排出为止，一般分为子宫开口期、胎儿产出期和胎衣排出期3个阶段。子宫开口期时，奶牛子宫开始间歇性收缩，随后子宫颈口完全张开，子宫颈与阴道之间的界线完全消失，此过程持续时间为0.5~24h，且出现阵缩现象。胎儿产出期时，奶牛的子宫颈口已完全张开，出现阵缩和努责共同作用直至胎儿完全排出。努责是排出胎儿的主要力量，努责比阵缩出现得晚，停止得早，持续3~4h。胎衣排出期持续2~8h，最长不超过12h，此时期的特点是胎儿排出后，奶牛随即平静下来，再经过几分钟后子宫主动收缩，有时还配合轻度努责使胎衣完全排出。整个分娩期内，奶牛子宫内的肌肉有节奏地进行阵发性收缩，推动分娩的顺利进行。分娩刚开始时，子宫肌收缩短暂、无规律、力量不强，随着分娩的进行，子宫肌的收缩变得持久有力且有规律，每次阵缩的强度由弱至强，持续收缩一段时间后又减弱消失，如此反复直至分娩结束。子宫肌的收缩由子宫底部开始，向子宫颈方向进行，其特点是具有间歇性。在开口期的中期每15min阵缩1次，每次持续约30s，随后阵缩频率增高，可达每3min阵缩1次，至开口末期达每小时阵缩 24 次，产出胎儿前达 24~28 次。胎儿产出期每 15min 阵缩约 7 次，每次持续约 1min，每阵缩数次后间歇片刻，整个胎儿产出期阵缩达 60 次或更多。胎衣排出期每次阵缩 100~130s，间歇 1~2min。分娩前 1~2d，子宫颈开始肿大，并变得松软，利于分娩时扩张，使胎儿顺利排出。分娩前，阴道前庭、阴门变得松软、有弹性、易扩张，阴道黏膜潮红，黏液由黏稠变为稀薄滑润。阴唇逐渐柔软肿胀，阴唇皮肤的皱襞逐渐展平，颜色稍变红。分娩时，妊娠期封闭子宫颈的黏液会流入阴道内，以保持阴道内部的湿滑，利于胎儿产出。

## 五、内分泌系统

分娩时血浆中甲状腺素含量约下降 50%，产后开始增加至恢复正常水平。奶牛体内的雌激素浓度在分娩前几天急剧上升，分娩时迅速下降。相反，孕酮在整个妊娠期维持高水平状态，但在分娩前几天迅速下降。奶牛分娩时，催产素水平达到最高，有利于促进胎儿顺产。糖皮质激素在分娩当日显著增加，分娩后迅速恢复至分娩前的正常水平，并逐渐进入泌乳前期的过程中，血浆胰岛素下降，生长激素增加。

## 六、行为表现

分娩时初产奶牛具有食欲不振、轻度不安、时起时卧、徘徊运动、尾根翘起、常做排尿姿势的行为，但经产奶牛一般只表现为情绪不安。胎儿排出期奶牛会表现出高度不安、时起时卧、前肢着地、后肢踢腹、回顾腹部、四肢伸直、强烈努责。

# 第三章 围产期奶牛的繁殖

## 第一节 围产期奶牛的生殖生理

围产期是奶牛一生中最重要的时期，对产奶、繁殖等十分关键，是怀孕的终点、泌乳的起点。母牛在围产期要经历干奶、分娩和泌乳 3 个生理变化，其生殖生理也将发生相应改变。

### 一、围产前期奶牛的生殖生理

母牛在怀孕后期由于骨腔内的血管血流增加，毛细血管扩张，部分血流出血管浸润周围组织，骨盆韧带松弛变软。当用手触摸时有一种组织感，且尾根两侧出现明显的塌陷现象，一般不超过 24h 即可分娩。

母牛分娩前数天，阴唇肿胀，阴唇上皮褶皱逐渐平展，阴道黏液由稠变稀，阴道黏膜潮红，子宫栓软化从阴道排出，子宫栓液垂在阴门处。

乳房在分娩前迅速发育，腺体充实，经产牛乳房充盈、变大、坚硬、结实、丰满；头胎牛乳房向后方膨胀、温暖、柔嫩；有 10% 左右的牛乳房及腹下出现水肿，乳头饱满，乳头皮肤光滑平亮。

母牛在临产期由于子宫颈高度扩张，子宫阵缩，出现阵痛。母牛出现食欲不振、精神萎靡、时起时卧、举尾、哞叫等表现。

### 二、奶牛分娩过程的生殖生理

分娩过程可分为开口期、胎儿排出期和胎衣排出期 3 个时期（表 3-1）。

表 3-1　奶牛分娩过程

| 时期 | 征兆 | 阵缩 | 努责 |
|---|---|---|---|
| 开口期 | 从子宫阵缩开始至子宫颈完全开张的过程 | 有且为主要力量 | 无 |
| 胎儿排出期 | 从子宫颈口完全开张到胎儿全部被产出的过程 | 有 | 有且为主要力量 |
| 胎衣排出期 | 从胎儿被产出到胎衣全部被排出的过程 | 较弱 | 较轻微 |

在开口期，子宫环形肌和子宫纵行肌开始间歇性收缩，并向子宫方向运动，使子宫颈完全开放，导致子宫颈与阴道的界限消失。此时期的母牛时起时卧、精神不振、食欲下降，来回走动而作弓背抬尾姿势，哞叫。此期一般持续 1~12h，平均为 6h，一般初产母牛比经产母牛表现更明显，所用时间更长。

胎儿排出期的特点是子宫环形肌和子宫纵行肌的收缩期延长，松弛期缩短。从阴户可见淡黄色或淡白色半透明膜，膜上可见细而直的血管，膜破裂后会流出淡黄色的液体。在阵缩和努责的作用下羊膜囊破裂，流出白色浑浊羊水，胎儿排出产道。此阶段一般维持 0.5~4h，若羊膜破裂半小时以上胎儿还未排出，应进行人工助产。

牛的胎盘为子叶型胎盘，母子连接比较紧密，收缩时胎盘不易脱落，因此胎衣排出所用时间较长，一般为 2~8h，若超过 12h 胎衣仍未排出，则认为胎衣不下，需及时采取措施。

### 三、围产后期奶牛生殖生理

奶牛的产后阶段是奶牛的最重要阶段，由于分娩后整个生理代谢发生了巨大变化，抵抗力减弱，处于气血两亏的状态。有的奶牛还会因分娩而造成产道不同程度的损伤，生殖道未恢复，恶露还未排净，乳房会出现不同程度的水肿。若不进行产后护理，或用了错误的方法护理会导致奶牛的产科疾病和代谢疾病，如乳热症（产后瘫痪）、乳房炎、乳房恶性水肿、胎衣不下、酮血病、酸中毒、瘤胃积食、真胃移位、真胃积食、真胃炎、奶牛产后综合征等。

### 四、围产期的生殖激素

近些年来研究发现，由于激素水平变化、分娩应激及营养代谢应激，使围产期奶牛防御机能发生明显变化，激素水平的改变与疾病的高发有很高的相关性。国内外专家对激素的研究主要集中在两个方面，一是激素在发情周期的水平；二是激素与排卵量之间的关系。对围产期奶牛的研究主要集中在激素的变化趋势。生殖激素是指对动物生殖活动起调控作用，即对动物的发情、精子和卵子的产生、妊娠、分娩等起调控作用的激素。这些生殖激素主要有促卵泡素（follicle – stimulating hormone，FSH）、促黄体素（luteinizing hormone，LH）、促性腺激素释放激素（GnRH）、催乳素（prolactin，PRL）、雌二醇（estradiol，$E_2$）和孕酮（progesterone，$P_4$）等。

**（一）$P_4$ 的化学特征及生理作用**

$P_4$ 是一种由 21 个碳原子组成的类固醇激素，又称黄体酮。它是动物体内生物活性最高的孕激素，主要来源于卵巢的黄体细胞，卵泡的颗粒细胞、胎盘也少量分泌。$P_4$ 的生殖作用为：①与雌激素共同作用使母畜发情、兴奋、有性欲。②促进子宫内膜继续增生，内部腺体继续分泌且增强，有利于胚胎着床。抑制子宫平滑肌的兴奋性，子宫收缩变弱，使母体对胎儿的排斥减弱，有利于胚胎继续发育。③使子宫黏液变稠，精子难以通过。④促进乳腺增生，有利于妊娠后的泌乳。

**（二）FSH 的化学特征及生理作用**

FSH 是由动物垂体前叶释放的一种糖蛋白激素，可调节下丘脑—垂体—性腺轴，促进性腺激素的合成与释放。FSH 可刺激卵巢的发育，使卵巢增重；在 $E_2$ 和 FSH 的协同作用下，雌性动物的细胞增生、卵泡内膜细胞分化、卵泡液形成、卵泡腔逐渐扩大，有利于促进卵泡的生长发育；FSH 与 LH 协同作用可使芳香化酶活化，促进雌激素的产生，诱导排卵，还可刺激雌性动物精子的产生，刺激次级精母细胞的发育，使精子成熟。

**（三）LH 的化学特征及生理作用**

LH 是垂体释放的糖蛋白激素，其化学结构与 FSH 相似。LH 的分泌呈现脉冲式，在母牛的发情期，LH 的分泌具有周期性。在卵泡期，LH 的分泌比较恒定，排卵前 LH 的水平迅速增加，形成排卵前的一次高峰；

LH 的量在排卵后期逐渐减少；在黄体中期，LH 又一次出现分泌高峰。LH 可促进黄体生成继而促进雌激素和孕激素的释放。LH 也能促进血流量增加，使卵巢充血，有利于促黄体素分泌到血液中去。LH 与 FSH 协同可促进卵泡细胞生长发育继而排卵，LH 是诱导排卵的主要激素。

**（四）PRL 的化学特征及生理作用**

PRL 是腺垂体分泌的蛋白质激素，主要存在于哺乳动物的肝脏、乳腺和黄体等体组织中。催乳素具有种族特异性，在哺乳动物体内的作用为：①促进机体发育，使其具备泌乳性能，只有持续分泌的 PRL 才能维持泌乳；PRL 对乳汁的主要成分具有调控作用，可促进氨基酸的吸收。②PRL 与 LH 合用可以促进黄体的合成及孕酮分泌。③PRL 可促进 LH 受体的形成，LH 与其受体结合后可促进黄体形成、促进排卵以及孕激素和雌激素的分泌。④促进雄性动物前列腺的生长。研究发现 PRL 除了具有促进乳腺发育、启动泌乳和维持泌乳等功能外，还参与神经系统信号传递、个体生殖生理的调控，以及免疫活动及渗透压调节等活动。

# 第二节　牛的繁殖技术

## 一、同期发情

### （一）母牛正常发情周期及卵巢发育波

母牛的发情周期是指母牛两次发情的时间间隔，一般青年母牛比经产母牛的发情周期要短，变化范围是 19~24d，平均时间是 21d。按照二分法，发情周期可分为发情期（卵泡期）和间情期（黄体期）。其中，间情期的时间较长，一般为 14~15d；发情期时间较短，一般为 5~6d。一般情况下，母牛有两个卵巢发育波，但某些情况下也可能有三个卵巢发育波，一个卵巢发育波只能形成一个优势卵泡。然而只有在母牛临近发情时的优势卵泡才能发育成熟并排卵，其余卵泡将封锁、闭化。因此母牛的一个发情周期一般只能排一个卵，但是在少数情况下可以排两个卵。

每个卵泡发育波开始前，下丘脑分泌的 GnRH 增多，从而促进垂体分泌 FSH，FSH 可以促进卵巢有腔卵泡的发育，随着卵泡的发育，合成分泌的 $E_2$ 增加，抑制 FSH 的释放。当卵泡波中最大卵泡的直径达到 8mm 时，其生长速度可明显加快，成长为优势卵泡，而其他卵泡则封锁、闭化。随着卵泡的成熟，卵泡破裂形成黄体，母牛进入生理黄体期。此时进行输精，若妊娠，黄体期会一直持续到母牛分娩。若未妊娠，子宫内膜细胞将会分泌前列腺素 F2α（prostaglandin F2α，PGF2α）溶解黄体。黄体退化会导致 $P_4$ 合成分泌量减少，解除了孕酮对 GnRH 和 FSH 的抑制作用，从而促进卵泡的发育，形成新的优势卵泡，$E_2$ 分泌增加，母牛发情并排卵，开始新的发情周期。

**（二）同期发情技术原理**

同期发情是根据生殖激素对卵泡的调节机制，利用外源激素，增长或缩短一些母牛的间情期，使一批母牛可以同时发情的技术。增长母牛的黄体期类似母牛的妊娠，外源供给激素，抑制卵泡成熟，停止给药一段时间，卵泡迅速发育成熟并排卵，母牛发情。缩短黄体期是利用外源激素溶解黄体，集中统一注射激素，减少黄体期时间，使母牛同期发情。母牛同期发情的常用激素为前列腺素或孕激素，极少数情况下用促性腺激素或者促性腺激素释放激素。前列腺素和孕激素诱导同期发情的原理如下，孕激素处理时，外源孕酮类似一个人工黄体，此时母牛受到连续的孕酮的作用，卵泡发育波停止，无优势卵泡的形成，加长黄体期时间；处理一段时间后停止外源孕酮供应，孕酮控制的卵泡发育波继续发育，发育成优势卵泡并成熟。生长卵泡分泌的雌激素可以使一群母牛在相对集中的时间里发情。前列腺素或其类似物可以诱导母牛卵巢上的功能性黄体发生退化，降低孕酮水平，解除孕酮对卵泡的抑制作用，促进优势卵泡的形成并发育成熟。生长卵泡分泌的大量雌激素可以使母牛发情时间较为集中。然而，新生的黄体（发情周期前 5d）对前列腺素不敏感，所以，一般在母牛发情周期的前 5d 不用前列腺素及其类似物。

**（三）常用的同期发情方法**

1. 前列腺素单独处理法

（1）一次 PG 注射法。在母牛发情周期注射 PGF2α，母牛一般会在注射后 2~5d 内发情。研究表明，在发情周期第 5d 之后注射可诱导 90%

以上母牛黄体溶解，在第5d之前注射给无黄体的母牛，对注射的PGF2α无作用。单独使用PGF2α时，母牛发情效率缓慢，时间较为分散，但若同时检查黄体状态，只注射有黄体的母牛，可大大提升效率。

（2）二次PG注射法。二次PG注射法是指第一次在发情周期的任意一天肌肉注射PGF2α，在10~12d后无论母牛发情与否都进行第二次肌肉注射PGF2α，在随后的5d内观察母牛的发情情况。如果在功能黄体期或者发情前期，即发情周期的6~17d或18~21d进行第一次注射，此时母牛可以自然发情；第二次注射的时间即10~12d后，母牛处于下个发情周期的黄体期，第二次处理PGF2α敏感，表现发情征兆。二次PG注射法的效率高于一次PG注射法，但是只注射PGF2α存在一定的局限性，对于母牛的新生黄体不敏感且时间较分散，优势卵泡的大小可影响注射后的发情时间。

2. 孕酮单独处理法

在一定时间内持续提供外源孕酮，增加母牛血液中的孕酮水平，抑制卵泡发育，达到同期发情目的。孕酮单独处理的方法包括肌肉注射法、饲喂法、阴道埋植法，但是前两种方法在实际应用中存在许多不足，一般采用的方法是阴道埋植法。阴道埋植法是将孕酮吸附在某种介质上或者埋植在阴道，使其连续释放孕酮，9~12d后去除，去除后2~3d内发情。

3. 孕酮和前列腺素共同处理法

先将孕酮阴道埋植，在6~7d后取出孕酮并注射PGF2α，此时孕酮含量迅速减少，对卵泡的抑制作用降低，母牛同期发情。该法优于单独使用孕酮或者前列腺素，使发情周期较为集中且发情率高，实际应用时采用此方法较多。

在畜牧生产中同期发情技术结合人工授精技术可以提高优秀种公畜精液的利用效率，提高母牛的发情率、妊娠率和产仔率。而且同期发情使母牛的发情、配种、产仔时间较为统一，大大节约了人力物力财力，有利于集约化养殖。但是在实际操作中可能因季节、地理位置、动物品种、操作人员、操作环境等因素而有所差异，而这些差异会影响同期发情的效果。因此，在实际操作中还应结合实际条件做出相应调整，寻找一种适合当地的同期发情条件，然后进行推广，避免经济和人力的浪费。

## 二、超数排卵

### （一）母牛正常排卵情况

当卵泡生长到 8mm 左右时该卵泡形成优势卵泡，该卵泡迅速发育，其余卵泡则封锁退化。正常情况下母牛一次卵巢发育波只能形成一个优势卵泡，并且只有在母牛发情期的优势卵泡才能被排出。一个卵子只能结合一个精子，形成一个胚胎，降低了繁殖效率。若胚胎出现问题则浪费了先前的努力，若能排出多个卵子，则能和多个精子结合形成多个胚胎，提高繁殖效率。

### （二）超数排卵技术原理

腔前细胞进一步发育为有腔细胞的过程需要促性腺激素的调控，由于体内供应的促性腺激素数量不够，每次发情只能排出一个卵子。超数排卵就是在不对供体母牛造成伤害及不影响其卵母细胞的发育、成熟、排卵、受精、胚胎移植等过程的情况下给母牛供给充足的促性腺激素，使卵巢变大并促进多个卵泡同步发育成熟，排出多个卵子的过程。在母牛的初情期时，卵泡的发育不需要促性腺激素的供给，但是随着卵泡发育为有腔卵泡时，对促性腺激素的需求逐渐上升。因此研究者提出可以给母牛提供外源促性腺激素，促进多个卵泡发育为优势卵泡并排卵。并且随着近期超声技术对卵巢扫描的结果，人们对动物的超数排卵反应差异有了更深刻的理解。

### （三）超数排卵常用激素

超数排卵的激素包括 FSH、孕马血清促性腺激素（pregnant mare serum gonadotropin，PMSG）、人绒毛膜促性腺激素（human chorionic gonadotropin，HCG）等。但是由于 PMSG 的半衰期较长，使母牛的卵巢长时间受到促性腺激素的作用，不利于卵泡的生长发育以及后续的排卵等，HCG 的价格较为昂贵，因此，在生产中运用较多的为 FSH，在使用时应考虑母牛的体型体况、经产与否和超排情况给出不同的使用剂量。

1. FSH

FSH 是由母牛脑垂体释放的一种糖蛋白激素，可以调节 $E_2$ 的分泌和促进卵泡的发育等。FSH 在母牛超数排卵中最重要的生理作用是可以刺激有腔卵泡的生长发育，是目前应用效果较好的一种促性腺激素。FSH 的半衰期一般为 2~3h，所以应多次注射。研究发现，在一个超排程序中，将 FSH 剂量按照减量法多次注射的效果较好，如将 FSH 的剂量分为 4d，每天注射两次比 1d 注射一次或者 2d 注射一次的黄体数和胚胎数都要多，效果更好。有研究将 FSH 和 LH 按比例混合后对母牛进行超排，结果表明二者合用效果较好。

2. PMSG

PMSG 是指怀孕母马子宫分泌的一种糖蛋白类促性腺激素。PMSG 最早出现在妊娠的第 37~42d，并且在第 55~70d 时浓度最高，之后逐渐减少直到妊娠后的第 4 个月几乎消失。PMSG 的作用与 FSH 和 LH 类似，可以促进卵泡的发育成熟及排卵。但是 PMSG 的半衰期较长，给母牛静脉注射后 5d 还能继续检测出，在母牛中的半衰期有的持续 10d 以上。因此会在完成一次排卵之后还会产生第二次卵泡发育波，延长发情期，最终使不能排卵的大卵泡数量增多，降低胚胎质量，其超排效果不如 FSH。现在可利用孕马血清促性腺激素抗血清处理，减缓 PMSG 对母牛的刺激。

3. HCG

HCG 是人类女性妊娠早期胎盘的滋养层细胞分泌的一种糖蛋白，它由 α 和 β 二聚体的糖蛋白组成，其生物学作用与 LH 基本相似，常常与 PMSG 和 FSH 合用。可以在卵泡发育成熟时注射，有促进卵泡排卵的作用，并且可以减少 PMSG 对母畜超排的负面影响。

4. GnRH

超数排卵的母牛卵泡数量增加，注射促进排卵的激素可将子宫内多余的卵泡排出，常用的促进排卵的激素有 GnRH、促黄体素等。GnRH 由下丘脑释放，可促进 FSH 和 LH 的合成分泌，促进卵泡的生长发育，还可促进排卵，增加排出的卵子数量。在发情周期第 0d 注射 GnRH 和超数排卵相结合可使发育的卵泡及排出的卵泡数增多，减少排卵后的卵子异常几率，卵巢上有更多黄体，受精率也增加。

5. PG

不同构象的 PG 有不同的作用，其中具有溶解黄体作用的是 PGF2 及其类似物。PGF2 常常与其他激素共用，解决了某些母牛超数排卵后不发情、不排卵等问题。

**（四）超数排卵方法**

1. CIDR+FSH+PG

若为前期用孕酮阴道栓（CIDR）进行同期发情的母牛，在母牛同期发情后的 8~13d 中的连续 4d，每天 2 次逐渐递减注射 FSH。第 1d FSH 的注射剂量早、晚各为 1.5mg 和 2.5mg；第 2d FSH 的注射剂量早、晚各为 1.0mg 和 1.7mg；第 3d FSH 的注射剂量早、晚各为 1.0mg 和 1.5mg，PG 为 4.0mg 和 6.0mg；第 4d FSH 的注射剂量早、晚各为 0.6mg 和 0.65mg 并去除 CIDR；发情后 3d 内第 1 次配种，随后 10~12h 后进行第 2 次配种。

2. PG+FSH+PG

若前期用两次 PG 处理母牛进行同期发情，在处理后 2d 观察母牛的发情情况，记录发情母牛。在母牛发情后 8~13d 中的连续 4d，每天 2 次逐渐递减注射 FSH，注射剂量与上述相同。

3. FSH+PG

若没有进行同期发情的母牛，在观察到发情后的 8~13d 中的连续 4d 每天 2 次逐渐递减注射 FSH，注射剂量与上述相同。

4. PMSG + 抗孕马血清（anti-pregnant mare serum gonadotropin, APMSG）法

PMSG 具有操作简单、价格低廉等优点，但其半衰期过长，会对母牛造成负面影响，所以在 PMSG 的基础上加入其抗体可解决这一问题。在观察母牛发情后 8~13d 注射 PMSG 2 500~3 500IU，48h 后注射 0.6~0.8mg 氯前列烯醇，发情后 18h 注射与 PMSG 等量的 APMSG，然后进行人工授精。

超数排卵的结果会受到激素、动物品种、年龄、营养水平等因素的影响。并不是排出的卵子越多，效果越好，应注重排出卵子的质量，若卵子未成熟就被排出将大大降低受精率。在实际应用中应根据不同条件

做出相应调整，寻找出最适合该地、该品种的条件。

## 三、胚胎移植

胚胎移植可使优良母畜解除妊娠和哺乳的负担，让一些劣质品种来承担繁育工作，优良品种母畜负责提供优良遗传物质，在短时间恢复后可继续使用，极大提高了母畜的繁殖效率。在家畜育种工作中运用超数排卵和胚胎移植（multiple ovulation and embryo transfer，MOET）相结合的技术可以缩短世代间隔，加快育种进程。奶牛的自然双胎率较低，可利用胚胎移植技术扩大母牛的双胎率，提高生产效率。冷冻胚胎可以延长胚胎的保存时间，且不会因为生存环境的改变发生一些疾病，更易适应当地环境，还可以从受体母牛身上获取一些免疫性物质，其移植效果优于直接引进优良公牛品种。长期冷冻也是保存某些稀有品种的一种好的办法，费用低于直接保存活牛，可以保存品种资源。某些年老或有一些疾病的牛更易发生流产，此时可采用胚胎移植的方法，在其他母牛体内进行妊娠，克服不孕。近年来胚胎移植在生产中应用广泛，前人做出的努力为现在胚胎移植的成功打下了坚实的基础（表3-2）。

表3-2　国内家畜胚胎移植技术发展历史

| 研究者（年） | 家畜 | 研究成就 |
| --- | --- | --- |
| 陈玉琦（1973） | 兔 | 胚胎移植成功 |
| 中国科学院遗传研究所（1974） | 绵羊 | 胚胎移植成功 |
| 中国科学院遗传研究所（1976） | 兔 | 胚胎低温（10℃）保存产仔 |
| 谭丽玲，郭志勤，等（1976） | 绵羊 | 胚胎低温（10℃）保存产羔 |
| 广东协作组（1978） | 奶牛 | 手术法胚胎移植成功 |
| 中国科学院遗传研究所（1979） | 兔 | -196℃保存胚胎产仔 |
| 王建辰，等（1980） | 奶山羊 | 胚胎移植成功 |
| 王运京，王秀阁，等（1980） | 奶牛 | 非手术法胚胎移植成功 |
| 中国科学院动物研究所（1980） | 绵羊 | -196℃保存胚胎产羔 |
| 姚振沉，谭丽玲，等（1982） | 奶牛 | -196℃保存胚胎产犊 |
| 马玉斌（1982） | 马 | 胚胎移植成功 |
| 王光亚，等（1987） | 奶山羊 | 冷冻胚胎产羔 |
| 张涌，等（1987） | 奶山羊 | 胚胎分割移植成功 |
| 谭丽玲，马世援，等（1989） | 奶牛 | 鲜胚分割同卵双生产犊 |

（续表）

| 研究者（年） | 家畜 | 研究成就 |
|---|---|---|
| 郭志勤，等（1989） | 奶牛 | 冻胚分割同卵双生产犊 |
| 谭丽玲，等（1989） | 奶牛 | 鲜胚分割四分胚产犊 |
| 郭志勤，等（1992） | 绵羊 | 鲜胚分割四分胚产羔 |
| 高建明，吴学清（1994） | 奶牛 | 分割胚胎性别鉴定 |

### （一）胚胎移植供受体要求

正常的胚胎发育需要太多时间，减缓了优秀品种的育种过程，所以人们采用胚胎移植技术来加快进展。胚胎移植是将受精后的胚胎从优秀品种母畜中取出后移植到与之生理状态相同或相近的普通母畜体内并妊娠产仔的技术。胚胎移植对一般正常的供体牛和受体牛选择的要求如表3-3和表3-4所示。

表3-3　供体牛的选择

| 项目 | 内容 |
|---|---|
| 遗传性能 | ①具有完整体系<br>②生产性能优秀，如果是青年牛供体，则全基因组检测生产性能<br>③肢体、乳房等结构良好 |
| 年龄 | ①15 月龄以上的青年母牛<br>②1~3 胎、产后 60~120d 的泌乳母牛 |
| 繁殖性能 | ①生殖道和卵巢机能正常<br>②超排前至少具有两个正常发情周期 |
| 健康状况 | ①无传染性疾病，无子宫炎、乳房炎和肢蹄病<br>②无遗传缺陷疾病<br>③体况适中，体况评分在 3.0~4.0 分 |

表3-4　受体牛的选择

| 项目 | 内容 |
|---|---|
| 遗传性能 | ①生产性能一般<br>②体型较大，后躯应相对发达，特别是黄牛做受体时应保证胚胎移植后代无难产现象 |
| 年龄 | ①16 月龄以上的青年奶牛，黄牛青年牛应在 17 月龄以上<br>②1~3 胎、产后 60~120d 的母牛，黄牛应在结束哺乳犊牛 1 个月以上 |

（续表）

| 项目 | 内容 |
|------|------|
| 繁殖性能 | ①生殖道和卵巢机能正常<br>②移植前至少具有两个正常的发情周期 |
| 健康状况 | ①无传染性疾病，无子宫炎、乳房炎和肢蹄病<br>②体况适中，体况评分在 3.0~4.0 分 |
| 饲养管理 | ①饲料日粮营养平衡，胚胎移植期间受体牛的体重应处于增重阶段<br>②减少应激反应<br>②补充一定量维生素 A、维生素 D、维生素 E 等 |

### （二）胚胎移植原理与原则

胚胎移植得以实现的理论基础是，精子和卵子在输卵管结合形成早期胚胎后的一段时间处于游离阶段，还未附植。在此时运用专业冲胚器械和胚胎保存液将胚胎冲出，检查胚胎质量后移植到经同期化的普通母牛体内，继续妊娠分娩，移植胚胎的遗传特性不会受受体牛影响。且移植后的胚胎不能发生免疫排斥现象，可在受体子宫内妊娠并被分娩。胚胎移植的原则包括：生理状态相同、解剖位置相同、时间一致性、无伤害原则。在相同的发情周期，供受体母牛的生殖生理状况相同，这样胚胎才能在受体内继续发育；胚胎在生殖道中的相对位置要基本相同，胎儿在母畜生殖道不同位置的营养物质、激素等水平不足，不同的位置会影响胎儿发育；由于胚胎发育具有时间和空间发育的顺序性，所以胚胎发育时间和受体牛生理状态一致；无论是体内还是体外，胚胎均不能受到细菌、化学物质等的损伤。

### （三）胚胎移植过程

1. 胚胎采集

胚胎采集的方法可分为手术法和非手术法，牛等大家畜胚胎的采集一般采用非手术法。胚胎采集的时间应考虑发情时间、排卵时间、胚胎发育状态、胚胎所处部位等因素，采取不同的采集时间。胚胎采集时间最早要在发生第一次卵裂后，否则后期不好检测卵子是否受精，牛一般在人工授精后第 7d 进行冲卵。在操作时要先将器械消毒，准备好冲卵液，将牛保定，然后清除直肠内宿便，再用 5~10mL 的 2%利多卡因进行局部麻醉，用黏液吸管吸除黏液，通过子宫径口插入采卵管，抽取冲卵液，注入和回收冲卵液。将回收的冲卵液放入拾卵漏斗中过滤，然后在显微镜下捡卵。

2. 胚胎质量鉴定

在室温下将回收液静置 15~20min 后弃去上清液，观察底部沉积，找到胚胎后将胚胎用固定溶液保存并检查胚胎质量。根据胚胎发育特征可将胚胎分为 A 级、B 级、C 级、D 级 4 个等级，按需要进行胚胎移植或者冷冻胚胎。在胚胎移植前进行胚胎的质量鉴定，可以提高胚胎移植效率。关于胚胎质量分级，奶牛胚胎移植技术规程（NY/T 1445—2007）的形态学鉴定及分析如表 3-5 所示。

表 3-5　胚胎形态学鉴定及分级

| 等级 | 特征 |
| --- | --- |
| A 级 | 胚胎发育阶段与胚龄一致，透明带光滑无缺陷，胚胎细胞团形态完整，轮廓清晰，卵裂球大小均匀、结构紧凑、色泽和透明度适中，无游离细胞或很少，变性细胞比例少于10% |
| B 级 | 胚胎发育阶段与胚龄基本一致，轮廓清晰，胚胎细胞团形态较完整，卵裂球大小基本一致，色泽和细胞透明度良好，变性及游离细胞占 10%~30% |
| C 级 | 胚胎发育阶段与胚龄不太一致，且胚胎细胞团轮廓不清，色泽和透明度变暗，卵裂球较松散游离，变性及游离细胞占 30%~50%。可用作鲜胚移植 |
| D 级 | 未受精卵，或发育停滞变性、卵裂球不规则、少而散。D 级不可用 |

3. 胚胎冷冻与解冻

在低温下，胚胎在冷冻保护剂的作用下细胞生命活动几乎停止，解冻后整个细胞的活性及代谢活性均可恢复。胚胎冷冻可分为常规冷冻、快速冷冻和玻璃化冷冻，按照冷冻时降温速率的不同可造成水分进出速率的不同，冰晶也不相同。

4. 胚胎移植

在胚胎移植前需先检查受体牛卵巢、黄体和子宫情况，看是否适合移植。移植时所用的胚胎移植枪比输精枪柔软且比它长，此外，在胚胎移植枪外面还有一层硬外套管。在移植时先装入胚胎，然后装入硬外套再进入子宫和子宫颈，移植时将胚胎移植到有黄体的一侧。

5. 妊娠检查

未妊娠奶牛若未检测出来会延长空怀期，降低繁殖效率，损失经济利益，因此一般会在胚胎移植后的 60d 根据母牛的内分泌、生殖器官以及行为对母牛进行妊娠检查。妊娠诊断要求早期、准确、简单，对妊娠无影响，常用的妊娠检查有直肠检查和 B 超检查。

### （四）保种与胚胎移植

保种在不同学科有不同定义，从畜牧学角度来讲就是保护和保存动物品种，从育种学角度是保护和保存性状，从遗传学角度是保护和保存基因，从社会学和生态学角度是保护所有家养动物资源。由于现代繁殖技术的发展及畜禽育种工作、饲养管理工作的进步，畜禽生产水平大幅度提高。目前冷冻精液、冷冻胚胎等技术已广泛应用于牛羊等反刍动物，可在细胞水平保存品种，在有需要时进行解冻和移植，用于恢复品种。胚胎移植是基因工程中的主要技术，在保种工作中发挥了巨大作用。

若想实现畜牧现代化，现代繁殖技术必不可少，只有加快优良品种的培育速度，畜禽品质才能快速提高。MOET 是比人工授精更为先进的育种方案，缩短了世代间隔，加快了育种进程，有利于选种工作和品种改良工作的实施。同期发情、超数排卵和胚胎移植相结合可以大大节省人力物力财力，同时又加快了优良品种的育种进程。虽然胚胎移植在牛的繁育工作中表现出其优越性，但是在胚胎移植技术上还存在许多问题，如排卵不同步或受精后发育停滞或重复超排出现免疫排斥等问题，制约了胚胎移植的推广与应用。未来应注重解决影响这些现代繁殖技术的局限性问题，加快良种畜禽的育种进程。

# 第四章 围产期奶牛的消化生理

## 第一节 消化道结构特点

牛的消化道主要是由口腔到肛门的一条长的饲料消化管道及与其相连的器官构成。牛消化道的活动是沿着体腔外转向体腔内而进行的,营养物质只有通过消化道壁进入血液后才能被机体吸收。牛的消化系统包括消化道和消化腺两部分。消化管道包括口腔、咽、食管、胃、小肠、大肠及肛门。消化腺分为壁内腺和壁外腺。壁内腺位于消化道管壁内,包括胃腺和肠腺。壁外腺位于消化道管壁外,包括唾液腺、胰腺和肝脏。

### 一、口腔、咽、食管

牛舌舌根和舌体宽厚,舌尖灵活,是采食的主要器官。舌占据口腔的绝大部分,附着于舌骨上,分为舌根、舌体和舌尖3部分。舌为肌性器官,主要由舌肌和表面的黏膜构成。舌肌属横纹肌,背面的黏膜表面有许多形态、大小不一的突起,称为舌乳头。牛的舌乳头可分为3种:菌状乳头、轮廓乳头、锥状乳头。前两种乳头为味觉器官,黏膜上皮有味蕾分布。牛的舌头可以伸得很长,上面的乳头状突起方便它卷起饲草和其他饲料。牛唇较短厚、不灵活、坚实,以口轮匝肌为基础,外盖皮肤,内衬黏膜,黏膜内有唇腺,分为上唇和下唇两部分,上、下唇的游离缘共同围成口裂。上唇的中部和两鼻孔之间平滑的无毛区,称为鼻唇镜。牙齿由坚硬的骨组织构成,是采食和咀嚼的器官。牛的牙齿镶嵌于切齿骨和上、下颌骨的齿槽内,上下皆排列成弓形,分别称为上齿弓和下齿弓。牛没有犬齿和上切齿,吃草时依靠上牙床、下切齿、嘴唇和舌的配合来完成。

牛咽位于口腔和鼻腔的后方，喉和气管的前上方，为消化道和呼吸道所共有的通道。咽峡是口腔与咽之间的通道，由舌根和软腭构成。咽有个孔与邻近器官相通：前上方经两个鼻后孔通鼻腔；前下方经咽峡通口腔；后背侧经食管口通食管；后腹侧经喉口通气管；两侧壁各有一咽鼓管口通中耳。

食管为食物通过的肌质管道，分颈、胸、腹 3 段，连接于咽和胃之间。颈段开始于喉和气管的背侧，至颈中部逐渐偏向气管的左侧，经胸腔前口入胸腔。胸段又转向气管的背侧，继续向后延伸，穿过膈的食管裂孔进入腹腔。腹段很短，与瘤胃的贲门相连。牛的食管较宽，食管壁分为黏膜层、黏膜下层、肌层和外膜层。肌层为横纹肌，黏膜上皮为复层扁平上皮。黏膜表面形成许多纵行皱襞，当食团通过时，管腔扩大，皱襞展平，有利于食团下行。

## 二、胃

牛胃有 4 个室，称其为复胃，由瘤胃（草胃）、网胃（蜂巢胃）、瓣胃（重瓣胃、百叶胃）和皱胃（真胃）组成。牛胃内容物占整个消化道的 68%~80%。瘤胃以贲门接食管，皱胃以幽门通十二指肠。瘤胃和网胃并没有完全分开，功能基本相同。前 3 个胃合称前胃，黏膜无腺体，主要起贮存食物和发酵、分解粗纤维的作用，第 4 个胃称真胃，黏膜内有消化腺分布，相当于单胃动物的胃，具有真正的消化作用。

### （一）瘤胃

瘤胃约占 4 个胃总容积的 80%，是成年牛最大的一个胃，呈前后稍长、左右略扁的椭圆形大囊，占据腹腔的左侧，其下半部可伸到腹腔的右侧。瘤胃前端接网胃，与第 7、第 8 肋间隙相对，后端达骨盆腔前口。左侧面贴腹壁称为壁面，右侧面与其他内脏相邻称为脏面，左侧面（壁面）与脾、膈及左腹壁接触，右侧面（脏面）与瓣胃、皱胃、肠、肝、胰相接触。瘤胃的前端和后端可见到较深的前沟和后沟，两条沟分别沿瘤胃的左、右侧延伸，形成了较浅的左纵沟和右纵沟。此外，还有左副沟和右副沟。瘤胃的内壁上有与上述各沟相对应的光滑肉柱，沟和肉柱共同围成环状，把瘤胃分成背囊和腹囊两大部分。由于前沟和后沟很深，故形成瘤胃房（前囊）及瘤胃隐窝（腹囊前端）、后背盲囊及后腹盲囊。由于胃的表面有后背冠状沟和后腹冠状沟，使后背盲囊与背囊，后腹盲囊与腹囊的界线更加明显。肉柱由瘤胃壁环形肌束集中形成，在瘤胃运动中起重要作用。瘤网胃口的腹侧和两侧有向内折叠的瘤网胃襞，背侧形成一个穹隆，称瘤胃前庭。瘤胃前端以瘤网胃口与网胃连通，后端达骨盆腔前口。前庭顶壁通过贲门与食管相接。

瘤胃壁由黏膜、黏膜下层、肌层和浆膜层4层构成。黏膜呈棕黑色或棕黄色，表面有无数大小不等的叶状、棒状乳头，长的达1cm，内含丰富的毛细血管。瘤胃腹囊、盲囊和瘤胃房中的乳头最发达，肉柱和瘤胃前庭的黏膜无乳头，颜色较淡。乳头可以运动，黏膜上皮为复层扁平上皮，表层细胞角化，黏膜内无腺体、无黏膜肌层，其固有层与较致密的黏膜下层直接相连，黏膜下层为疏松结缔组织，并含有淋巴组织。肌层发达，由内侧的环行肌和外侧的纵行肌构成，环行肌增厚形成肉柱，有的部位纵行肌也参与形成肉柱。浆膜无特殊结构。

### （二）网胃

网胃在4个胃中体积最小，成年牛约占胃容积的5%，外形略呈梨形，前后稍扁，为一椭圆形囊，位于季肋部正中矢面上、瘤胃背囊的前下方，与第6~8肋骨相对，前面与膈、肝接触。网胃的后上方有瘤网胃口，网胃经瘤网胃口与瘤胃相通，瘤网胃口的右下方有网瓣胃口与瓣胃相通。网胃的位置较低，与心包之间仅以膈相隔，距离很近。网胃壁的组织结构与瘤胃相似，不同的是其黏膜形成许多网格状或蜂窝状的皱褶，似蜂房，在房底有由许多较低的次级皱褶形成的更小的网格，皱襞两侧有垂直伸出的嵴。在皱褶和房底部密布细小的多角质乳头。

### （三）瓣胃

瓣胃占成年牛4个胃总容积的7%~8%，外形为两侧稍压扁的球形，很坚实。位于腹腔右肋部的下部，在瘤胃和网胃交界处的右侧，与第7~11肋骨下半部相对。瓣胃上部以较细的瓣胃颈和网瓣胃口与网胃相接，底壁有一瓣胃沟与瓣胃叶的游离缘之间形成瓣胃沟，瓣胃沟前接网瓣胃口与食管沟相连，后接瓣皱胃口与皱胃相通。瓣胃的沟底无瓣叶，液体和细碎饲料可由网胃经瓣胃沟进入皱胃。

瓣胃壁的组织结构与瘤胃、网胃基本相似，但其黏膜形成许多大小、宽窄不同的褶，称其为瓣叶。各级瓣叶有规律地相间排列，共百余片，从横切面上看，很像一叠"百叶"，因此，瓣胃又称"百叶胃"。瓣胃叶呈新月形，表面粗糙，凸缘附着于胃壁，凹缘游离，呈弓形凹入，向着瓣胃底。瓣胃叶按宽窄可分为大、中、小和最小 4 级，呈有规律地相间排列。黏膜和黏膜下层向外突出，共同形成大小不一的瓣叶，瓣叶上有许多角质化乳头。上皮与瘤胃、网胃相似，黏膜复层扁平上皮的浅层角化。黏膜肌层很发达，在瓣叶顶部变粗大，肌层的内环肌伸入大的瓣叶，形成中央肌层，并在瓣叶顶部与黏膜肌层融合。这样，在瓣胃大瓣叶的断面可见 3 个肌层。黏膜肌层的肌纤维有时也伸入乳头。胃壁的肌层，由外纵肌和内环肌构成。黏膜下层很薄。

**（四）皱胃**

皱胃又称真胃，为有腺胃，结构与单胃动物的胃相似，成年牛约占 4 个胃总容积的 7%~8%，呈前端粗、后端细的弯曲长囊形，位于右季肋部和剑状软骨部，在网胃和瘤胃腹囊的右侧、瓣胃的腹侧和后方，大部分与腹腔底壁紧贴，与第 8~12 肋骨相对。皱胃可分为胃底部、胃体部和幽门部 3 个部分，前端粗大部分称胃底部，后端狭窄部分称幽门部。皱胃以幽门与十二指肠相接。胃底部在剑状软骨部稍偏右，邻接网胃并部分地与网胃相附着，与瓣胃相连；胃体部沿瘤胃腹囊与瓣胃之间向右后方伸延；幽门部沿瓣胃后缘斜向背后方延接十二指肠。皱胃腹缘称为大弯，背缘称为小弯，小弯凹向上，与瓣胃接触，大弯凸向下，与腹腔底壁接触。

皱胃壁由黏膜、黏膜下层、肌层和浆膜层组成。黏膜光滑、柔软，在底部形成 12~14 片与皱胃长轴平行的螺旋形大皱褶，由此增加了黏膜的内表面积。黏膜上皮为单层柱状上皮，内含有大量腺体，因而黏膜层厚。根据黏膜位置、颜色和腺体的不同，可分为 3 个区域：贲门腺区、胃底腺区和幽门腺区。环绕瓣皱胃口的一小区色淡，为贲门腺区，内含有贲门腺；近十二指肠的一小区色黄，为幽门腺区，内含幽门腺，幽门腺较长；在此两区之间有大皱褶的部分称为胃底腺区，呈灰红色，内有胃底腺，胃底腺较短，有长的腺颈。

## （五）肠

小肠在解剖学上被分为3部分：十二指肠、空肠和回肠。第一段的十二指肠起源于胃部的幽门括约肌，以一根短肠系膜附着于机体腹腔壁上，胆汁和胰液都会流入这一段。接下来一段是空肠，是小肠中最长的一段，系膜长，盘曲多，在腹腔内活动范围大。牛的空肠位于腹中部右侧，由较短的系膜固定在结肠旋袢的周围，肠壁内淋巴集结较大。空肠和回肠之间并没有明确的界线，于是人为地以回盲折的游离端来划分。回肠全长40~60cm，肠管平直，管壁较厚，回肠通入盲肠的开口称回盲口，回肠与盲肠底之间有回盲韧带，一般将回盲韧带附着于小肠的部分肠段算作回肠。小肠终止于回盲瓣，这是一个可以控制食糜从小肠流向盲肠和大肠的括约肌，这种结构可以阻止食糜倒流回小肠。在小肠的整个内壁上覆盖着大量的指状突起，称之为肠绒毛。每根肠绒毛都由一根称之为乳糜管的淋巴管和一组毛细血管组成。肠绒毛的表面覆盖着大量的微绒毛，为吸收提供了更多的接触表面积。

牛的盲肠和结肠是由几层肌肉组成的。一层环形肌是结肠肠管的最基本部分，这种肌肉有利于结肠运动，除了这层肌肉外，3条纵向肌组成了结肠带。这些条状的肌肉组成了一组贯穿于结肠的袋状或囊状结构，这种结构称之为结肠袋。食糜储存于这种囊状结构中，有利于水分的吸收。牛结肠几乎全部位于体中线的右侧，借总肠系膜悬挂于腹腔顶壁，在总肠系膜中盘曲成一圆形肠盘，肠盘的中央为大肠，周缘为小肠。牛的结肠较细，无纵带及肠袋，盘曲成一椭圆形盘状。可人为地将结肠分为初袢、旋袢和终袢。在结肠中可以发现大量分泌黏液的杯状细胞，但是没有类似小肠中发现的那种肠绒毛。在接近结肠末端处有一个一端封闭的囊状结构，称之为盲肠。牛的盲肠发育并不完全，并且在消化过程中也无关紧要。盲肠可以吸收一些挥发性脂肪酸，但是大量的水和电解液是在结肠被吸收。直肠短而直，约40cm，粗细较均匀，位于骨盆腔内，无明显的直肠壶腹，前3/5被覆腹膜，为腹膜部，由直肠系膜悬于盆腔顶壁。其后部为腹膜外部，借疏松结缔组织和肌肉附着于骨盆腔周壁，常含有较多的脂肪。前连结肠，后端以肛门与外界相通，直肠后端变细形成肛管。肛门为消化道末端的开口，在尾根腹侧，平时不向外凸出，呈凹入状。

# 第二节　围产期奶牛的消化吸收特点

围产期奶牛受到营养、生理和代谢等诸多方面的应激，抵抗能力降低，最易发生代谢障碍性疾病及生殖系统疾病。因此，在这段时间里既要维护好母牛的健康及胎儿的生长发育，还要照顾到其后的产奶量和卵巢机能的恢复，饲喂方式上在保持日粮平衡的同时，提高精料与蛋白质水平，降低粗纤维的含量，为提高瘤胃消化能力打下基础。围产期是瘤胃的适应时期，瘤胃要逐渐建立起适应消化大量饲料的微生物区系和内环境，为新一轮泌乳阶段做准备。

## 一、采食、咀嚼和吞咽

采食可以定义为动物把食物卷入口腔的过程。牛主要依靠唇、舌头和牙齿来完成采食。牛的唇部肌肉发达，并有一定的软骨成分，有角质感。主要作用是帮助采食饲料，配合齿、舌动作咬住饲草并用力将其扯断，然后送入口腔。

咀嚼是碾碎食物的一个过程，包括物理性的磨碎和撕裂食物，并伴随着唾液的混合作用。舌对采食饲料有重要作用，牛从草架上采食干草时，伸出舌裹住少量干草，协助唇和齿把草拉下并送入口腔。放牧时，牛把舌头伸出，裹住青草，用牙齿半扯半咬地进行采食。反刍动物为食草动物，不需要用牙齿去撕碎食物，主要是切碎食物。牙齿在咀嚼过程中主要起关键性的辅助作用，通过对食物的撕扯、切断作用，增大食物的表面积，从而增大了食物和消化液的接触面积。唾液是由唾液腺分泌的一种无色、略带黏性的液体，牛的唾液呈碱性，pH 值为 8.2 左右。牛的唾液分泌量很大，成年母牛可分泌唾液 $100 \sim 500L/d$。唾液由水（99.4%）和少量的有机物、无机物组成。有机物主要是黏蛋白，无机物主要是钾、钠、钙、镁的氯化物、磷酸盐和碳酸氢盐。唾液的主要作用如下：唾液中的黏液能使嚼碎的饲料形成食团，并增加光滑度，便于吞咽；溶解饲料中的可溶性物质，刺激舌的味觉感受器，引起食欲，促进各种消化液的分泌；清洁口腔，帮助清除口腔中的一些饲料残渣和异物；唾液呈碱性，是重要的缓冲物质，对维持瘤胃 pH 值具有重要意义。相比于休息时，这种高效缓冲性唾液的分泌效率在采食和反刍时更高，且其过程是连续的。咀嚼后的食物形成一个小而紧实的食团，通过食道进入下一段消化道。

吞咽是咀嚼后吞入的一个过程，包括主动和非主动的反射。咀嚼完成后，食团被舌头卷入口腔的后部，食团通过咽喉部时，咽喉部反射性地关闭，对呼吸有一个短暂性的抑制作用，形成的食团最后通过食道进入胃部。

## 二、反刍

反刍就是当反刍动物采食时，往往不经充分咀嚼就匆匆吞咽，饲料进入瘤胃后，经浸泡和软化，在休息时又被逆呕回口腔进行仔细咀嚼，并混入唾液再次咽下的过程。反刍是一种复杂的生理性反射过程，由逆呕吐、再咀嚼、混合唾液和吞咽 4 个过程构成。反刍就像一种有控制的呕吐，是对富含粗纤维的植物性饲料消化过程中的补充现象。通过反刍，这类粗饲料被二次咀嚼和混合唾液，以增大瘤胃细菌的附着面积。牛的反刍通常是在饲喂完成后 20~30min 后出现，日反刍时间一般为 6~8h，甚至更多。反刍具体所需时间根据日粮类型不同而有所变化，纤维素含量高的饲料花费的时间长一些，高质量牧草（如紫花苜蓿）相对于低质牧草来说需要花费较少的反刍时间，并能以较快的速度通过瘤胃，因此优质牧草可以有效增加反刍。牛的反刍周期为 10~17 次，每次平均反刍 40~50min，然后间隔一定时间再开始第二次反刍，以此周期性进行。饲料的物理性质和瘤胃中的挥发性脂肪酸是影响反刍的主要因素。经反刍的食物进入瘤胃前庭，其中较细的部分进入网胃，较粗的部分仍与瘤胃内容物混合，每一个食团需要咀嚼 1min 左右再吞咽下去。反复的咀嚼过程可降低饲料颗粒大小并刺激唾液分泌，从而具有缓冲瘤胃中酸的作用。反刍行为是反刍动物的特有行为，关系到动物能够摄入并利用的饲料总量，在饲喂时必须充分考虑反刍动物本身的生理特性。反刍在个体发育的一定阶段，当动物开始采食饲料后出现，通常在安静或休息时进行，并易受外界环境影响而暂时中断，因此应保证反刍动物每天有足够的时间反刍。观察动物的反刍活动状态是临床上诊断疾病和判断疾病预后的重要标志。反刍的生理意义是：充分咀嚼，帮助消化；混合唾液，中和胃内容物发酵时产生的有机酸，缓冲瘤胃 pH 值；排出瘤胃发酵产生的气体；促进食糜向后部消化道推进。动物患病和过度疲劳都会引起反刍的减少或停止。

## 三、瘤胃的消化特点

瘤胃内有大量的有机物和水，正常情况下，pH 值为中性略偏酸，变动范围是 5.0~7.5，温度适宜，为 39~41℃，渗透压与血液相近，这为其微生物的生长和活动提供了理想的环境。瘤胃内有大量的微生物，通过微生物对纤维物质的黏附作用和酶类的水解作用，消化青、粗饲料中的纤维素和半纤维素等非淀粉多糖类物质，产生各种化合物而被牛体消化吸收。瘤胃内的微生物主要是原虫、细菌和真菌。瘤胃内容物在微生物作用下发酵，并放出热量，所以瘤胃内温度较体温高 1~2℃。由于身体传导，呼吸及皮肤散热，瘤胃温度不致过高。瘤胃温度受部位和饲喂制度的影响，腹囊比背囊温度高，饮水和供给冷的饲料，瘤胃温度会迅速下降，由于体温供给的影响，很快得以恢复。瘤胃内壁存在温觉感受器，所以瘤胃内温度对机体温度乃至整体生理功能的调节有一定影响。围产期前后瘤胃也发生一系列的动态变化。干奶期前 7 周瘤胃吸收面积减少了 50%，产犊后直接饲喂高精料日粮容易引起酸中毒，瘤胃 pH 值小于 6.0 时将降低纤维消化率，降低干物质采食量。瘤胃菌群数量在 7~10d 可发生快速变化，但瘤胃乳头的充分生长需要 3~6 周时间，因此围产期需作单独分群和日粮过渡，以调节瘤胃环境的变化。

由于瘤胃和网胃的内容物可以自由交流，两者功能相似，没有明确的职责区分，所以又合称瘤胃—网胃。牛的瘤胃—网胃中寄居着大量的细菌和原虫。瘤胃的细菌数量与饲料的种类、饲喂的制度、饲喂后取样的时间、季节及原虫存在与否具有一定关系。瘤胃原虫主要是纤毛虫，少量是鞭毛虫。瘤胃纤毛虫种类繁多，一般将其分成全毛目和内毛目两大类。厌氧性纤毛虫主要有：全毛虫科的均毛虫属和绒毛虫属，以及头毛虫科的两腰虫属、内腰虫属和头毛虫属。其中以内腰虫属和两腰虫属为最多，占纤毛虫总数的58%~98%，能分解纤维素的主要为两腰虫属。全毛虫体内有支链淀粉，其功能在于迅速同化可溶性糖，并将80%以上的糖以淀粉的形式贮存起来。牛采食后2~4h，全毛虫淀粉贮量达最高值，这可以防止饲喂后发生暴发性发酵。全毛虫体内含有蔗糖酶和α-淀粉酶等，能水解可溶性糖，并进一步产生乙酸、丁酸、乳酸及支链淀粉等，以提供机体能源。其不仅能摄食和发酵淀粉，产生VFA、$CO_2$和$H_2$，而且能消化分解纤维素等。在良好的饲养条件下，反刍动物瘤胃中所发酵的干物质为瘤胃容量的12%~16%，即相当于每天有12%~16%的基质批量发酵，这种高转化率主要是微生物作用的结果。据测定，瘤胃内容物每毫升含$10^6$个原虫和$10^{10}$个细菌。一头体重300kg的牛，瘤胃内容物约为40L，约含$4×10^{10}$个原虫和$4×10^{14}$细菌。当瘤胃微生物得到充分繁殖时，微生物原浆约占瘤胃液的10%，原虫和细菌各占一半。这些微生物不断发酵成为瘤胃中的饲料营养物质，产生挥发性脂肪酸及各种气体，这些气体通过嗳气动作排出体外。

为适应产后的高精料日粮，围产前期需逐步增加瘤胃细菌的数量，特别是降解淀粉的菌群和利用乳酸的菌群数量。淀粉利用菌可以产生乳酸，乳酸利用菌则降解乳酸为丙酸，以维持产后增加日粮淀粉后瘤胃pH值的正常范围。围产前期同时需逐步增加瘤胃的乳头长度及吸收面积，因为适应高淀粉日粮的瘤胃环境如果未能转变，瘤胃可吸收的上皮细胞面积不足，则会降低乳酸和挥发性脂肪酸的吸收效率，并增加产后亚临床瘤胃酸中毒的发病几率。

## 四、网胃的消化特点

网胃相当于一个"中转站"，一方面将粗硬的饲料送回瘤胃，另一方面将较稀软的饲料运送到瓣胃，当食糜粒径小于2mm，密度大于1.2g/mL时，才能流向瓣胃。

## 五、瓣胃的消化特点

瓣胃内容物的干物质含量大约为22.6%，比瘤胃和网胃的水分少。

到达瓣胃的食糜中超过 3mm 的大颗粒不足 1%。瓣胃起"过滤器"作用，收缩时把饲料中较稀软的部分送入皱胃，而把粗糙部分截留在叶片间揉搓研磨，使较大的食糜颗粒变得更为细碎，为后段的继续消化做准备。瓣胃具有吸收功能，特别是在食糜被推送进皱胃之前，食糜中残存的 VFA 和碳酸氢盐已被吸收，避免了对皱胃的不良影响，保证了皱胃消化功能的正常进行。

## 六、皱胃的消化特点

皱胃的功能与单胃动物相同，能分泌胃液，主要进行化学性消化。胃液是由胃腺分泌的无色透明的酸性液体，由水、盐酸、消化酶、黏蛋白和无机盐构成。盐酸由胃腺的壁细胞产生，其作用是致活胃蛋白酶原，并为胃蛋白酶提供所需要的酸性环境，变成有活性的胃蛋白酶，使蛋白质变性，有利于胃蛋白酶的消化；杀灭进入皱胃的细菌和纤毛虫，有利于菌体蛋白的初步分解消化；进入小肠，促进胆汁和胰液的分泌，并有助于铁、钙等矿物质的吸收。胃液中的消化酶主要有胃蛋白酶和凝乳酶。胃蛋白酶在酸性环境下将蛋白质分解为肽和胨。黏蛋白呈弱碱性，覆盖于胃黏膜表面，有保护胃黏膜的作用。皱胃主要进行紧张性收缩和蠕动，有混合胃内容物、增加胃内压力和推动食糜后移的作用。其中，蠕动方向是从胃底部朝向幽门部，在幽门部特别明显，常出现强烈的收缩波。随着幽门部的蠕动，胃内食糜不断被送入十二指肠。

## 七、小肠的消化吸收特点

经胃消化后的液体食糜进入小肠，经过小肠的机械性消化和胰液、胆汁、小肠液的化学性消化作用，大部分营养物质被消化分解，并在小肠内被吸收。因此，小肠是重要的消化吸收部位。食糜进入小肠，刺激小肠壁的感受器，引起小肠运动。小肠运动是靠肠壁平滑肌的舒缩来实现的，有蠕动、分节运动和钟摆运动 3 种形式。其生理作用是：使食糜与消化液充分混合，便于消化；使食糜紧贴肠黏膜，便于吸收。此外，蠕动还有向后推进食糜的作用。为防止食糜过快进入大肠，有时还会出现逆蠕动。

小肠是蛋白质的主要吸收部位，来自饲料的未降解蛋白质和菌体蛋白均在小肠消化吸收。小肠液是小肠黏膜内各种腺体的混合分泌物，一般呈无色或黄色，混浊，呈碱性。小肠液中含有各种消化酶，如肠激酶、肠肽酶、肠脂肪酶和双糖分解酶（包括蔗糖酶、麦芽糖酶和乳糖酶）。进入小肠的食糜与胰液、胆汁和小肠内腺体分泌的消化液相混，与多种酶和其他物质接触，进行多种反应。胰液是胰脏腺泡分泌的无色透明的碱性液体，由水、消化酶和少量无机盐组成，pH 值为 7.8~8.4。胰液中的消化酶包括胰蛋白分解酶、胰脂肪酶和胰淀粉酶。胰蛋白分解酶主要包括胰蛋白酶、糜蛋白酶和羧肽酶，这些酶刚分泌出来时都是不具活性的酶原，在肠内活化后可使蛋白质水解变为肽和氨基酸。胰蛋白酶原经催化或肠激酶的作用转变为胰蛋白酶，糜蛋白酶和羧肽酶都可被胰蛋白酶致活。胰蛋白酶和糜蛋白酶共同作用，分解蛋白质为多肽，而羧肽酶则分解多肽为氨基酸。胰脂肪酶原在胆盐的作用下被致活，将脂肪分解为脂肪酸和甘油，是肠内消化脂肪的主要酶。胰淀粉酶在氯离子和其他无机离子的作用下被致活，可将淀粉分解为麦芽糖。胰液中还有一部分麦芽糖酶、蔗糖酶、乳糖酶等双糖酶，能将双糖分解为单糖。碳酸氢盐主要作用是中和进入十二指肠的胃酸，使肠黏膜免受胃酸的侵蚀，同时，也为小肠内多种消化酶的活动提供了最适 pH 值环境。胆汁是由肝细胞分泌的具有强烈苦味的碱性液体，呈暗绿色，胆汁分泌出来后贮存于胆囊中。必要时，胆囊内的胆汁经胆管，胰腺分泌的胰液经胰腺管排入十二指肠内。从皱胃进入十二指肠的食糜由于残留胃液而酸度很高，当食糜经过十二指肠后，其高酸性被碱性胆汁中和。如果食糜不经过十二指肠内化学性质的改变，则小肠内的消化和吸收就不可能发生。胆汁由水、胆酸盐、胆色素、胆固醇、卵磷脂和无机盐等组成，其中有消化作用的是胆酸盐。胆酸盐的作用是致活胰脂肪酶原，增强胰脂肪酶的活性；降低脂肪滴的表面张力，将脂肪乳化为微滴，有利于脂肪的消化；与脂肪酸结合成水溶性复合物，促进脂肪酸的吸收；促进脂溶性维生素（维生素 A、维生素 D、维生素 E、维生素 K）的吸收，因此，胆汁能帮助脂肪的消化吸收，对脂肪的消化吸收具有极其重要的意义。

由蛋白质消化而来的氨基酸和由碳水化合物消化而来的葡萄糖直接

被吸收进入血液，并输送到身体各组织中去。脂肪的吸收比较完全，脂肪酸和其他类脂与胆盐结合，使之易于溶解，这些结合物形成乳糜微粒渗透入肠黏膜而进入淋巴系统。淋巴管与静脉系统相通，前端通过胸导管进入心脏，而脂肪酸在肠黏膜与甘油重新结合而形成中性脂肪，用作热能来源或贮存于脂肪组织。

## 八、大肠的消化吸收特点

食糜经小肠消化吸收后，剩余部分进入大肠，盲肠肌肉的旋转运动使其能够进行比较有规律的充满和排空。由于大肠腺只能分泌少量碱性黏稠的消化液，不含消化酶，所以大肠的消化除依靠随食糜而来的小肠消化酶继续作用外，主要依赖于微生物消化。大肠由于蠕动缓慢，食糜停留时间较长，水分充足，温度和酸度适宜，有大量的微生物在此生长和繁殖，如大肠杆菌、乳酸杆菌等。这些微生物能发酵分解纤维素和蛋白质，产生大量的低级脂肪酸（乙酸、丙酸和丁酸）和气体。另外，大肠内的微生物还能合成 B 族维生素和维生素 K。反刍动物对纤维素的消化、分解主要在瘤胃内进行，大肠内的微生物消化作用远不如瘤胃，只能消化少量的纤维素，作为瘤胃消化的补充。低级脂肪酸被大肠吸收，作为能量物质利用。一切不能消化的饲料残渣、消化道的排泄物、微生物发酵腐败产物以及大部分有毒物质等，在大肠内形成粪便，经直肠、肛门排出体外。

## 九、代谢特点

### 1. 碳水化合物

围产前期，在机体内分泌状态发生变化和营养摄取量不足时，机体代谢受到影响，大量的脂肪和肝糖原被动员，许多非酯化脂肪酸释放进入血液。与此同时，奶牛对葡萄糖的需要略有升高，血浆葡萄糖浓度保持恒定或略微增加。产犊时血浆葡萄糖浓度迅速上升，随后立即下降。产犊后，随着奶牛产奶量的迅速上升，奶牛对牛奶中乳糖合成所必需的葡萄糖的需求量大幅度增加，而此时奶牛的采食量却没有达到它的最大值。由于日粮中包含的大量碳水化合物在瘤胃内被发酵，很少有葡萄糖可以通过消化道被直接吸收，奶牛只有借助于肝脏中丙酸的糖异生反应（葡萄糖的合成）来满足它们对葡萄糖的需求。奶牛产犊后，合成葡萄糖所需要的丙酸供应受到限制，奶牛立刻出现采食量降低的现象。因此，日粮中包含的氨基酸和骨骼、肌肉中分解出来的氨基酸以及体脂肪代谢产生的甘油（丙三醇）都会被用于葡萄糖的合成。泌乳期的葡萄糖代谢特征是肝脏内葡萄糖异生增加，同时外围组织对葡萄糖的氧化降低，从而使葡萄糖进入乳腺合成乳糖。在围产前期通过奶牛门静脉回流组织的葡萄糖净流量为零甚至为负值，从产前第 9d 至产后第 21d，整个内脏葡萄糖输出所增加的几乎都来自肝脏合成葡萄糖的增加。奶牛肝脏葡萄糖合成的底物主要是瘤胃发酵产生的丙酸、三羧酸循环的乳酸、蛋白质降解或门静脉回流组织净吸收的氨基酸以及动用脂肪组织产生的甘油。在产后第 1d，肝脏把 $^{14}C$ 丙氨酸转化为葡萄糖的能力大约是产前 21d 的 2 倍。氨基酸作为葡萄糖合成的适应性底物在泌乳早期发挥作用。

2. 能量和蛋白质

奶牛的能量负平衡在分娩前几天就可能发生，在产奶后 1 周更为明显，在分娩 2 周后出现负平衡的高峰。产前提高日粮能量浓度，特别是可发酵碳水化合物的浓度，可刺激瘤胃乳头的发育，增加挥发性脂肪酸的吸收，降低产后亚临床酸中毒的风险。围产前期体组织内的蛋白贮存，有利于胎儿和乳腺的发育，也可在产后动员用于泌乳和减少代谢疾病，包括肌肉组织和内脏器官。围产期的氨基酸平衡也是影响生产性能的因素之一，产前日粮的氨基酸平衡对于产后产奶量提升具有积极作用。蛋氨酸同时参与体内极低密度脂蛋白的合成，协助肝脏的脂肪代谢。

3. 脂肪

泌乳奶牛在能量负平衡时需要动用体脂储备来满足对能量的需求。围产期奶牛体内胰岛素浓度偏低，组织利用葡萄糖能力下降，更多的是分解脂肪作为能量来源，这同时是增加泌乳的信号。脂肪的分解产物游离脂肪酸经肝脏吸收可用作能量来源或转化为酮体释放到血液，酮体可作为其他组织的能量来源。如果肝脏无法合成或及时输出富含甘油三酯的脂蛋白时，过多的游离脂肪酸将以甘油三酯的形式贮存到肝细胞中。脂肪分解产生过多非酯化脂肪酸，难以被完全氧化时就产生大量酮体，增加患脂肪肝和酮病的几率，而整个过程的发生可能就在几天内。

4. 常量及微量元素

大部分奶牛在产犊时都有不同程度的低血钙，而引发低血钙或产乳热的重要原因是机体发生代谢性碱中毒，导致了钙稳衡机制不能发挥作用，钙的吸收和利用效率大大降低，以致无法及时补充机体和泌乳对钙的需求。而钙又是单核细胞等免疫相关细胞的信号传导物，钙的缺乏也会降低免疫反应能力。围产前期日粮钾或钠的含量高时，可使奶牛处于代谢性碱中毒状态。产犊时，奶牛钙需要量大幅增加，用于初乳和泌乳，此时增加肠道所吸收利用的钙可起到关键作用。微量元素参与奶牛的免疫机制，因此围产期的微量元素的供应也非常重要。

围产期奶牛在内分泌和营养代谢方面都会发生剧烈的变化，是奶牛生产周期中至关重要的一个生理阶段，也是提高牛群生产力的关键时期，围产期的饲养与管理是奶牛生产的重要环节，这一阶段奶牛需要科学的饲养管理，保持奶牛体况不肥不瘦，保证奶牛分娩后食欲旺盛，提高干物质摄入量，供给适口性好、营养平衡和消化率高的日粮以满足奶牛对营养的需求，促进瘤胃功能恢复，加强卫生保健，增强机体免疫功能，控制和减少各种代谢病的发生，最大限度地降低死亡率，确保分娩后泌乳性能充分发挥。

# 第五章　围产期奶牛的营养需要

围产期是一个新的泌乳期的开始，奶牛在围产期经历了日粮结构改变、分娩、环境变化及泌乳等一系列应激，因此该阶段也是各种代谢和生殖疾病的多发期。围产期饲养管理的好坏和精细化程度将直接影响奶牛在整个泌乳期的生产性能与健康。

## 第一节　配方设计原则

### 一、围产前期的配方

围产前期是指分娩产前 21d 至分娩时的阶段，该时期应做好营养调配，提高日粮中蛋白质、镁、磷的比例，粗蛋白提高到日粮的 14%~16%，镁含量应达到日粮的 0.35%~0.40%，磷含量达到日粮的 0.4%。日粮中钙的含量应降至 0.2%，低于干奶期的 50%，去掉混合精料中的石粉，产后提高钙达到 0.8%~1.0%，防止低血钙引起产后瘫痪，控制食盐喂量，以减轻产后乳房水肿。

提高日粮中蛋白的含量。围产前期胎儿生长迅速，对能量和蛋白的需求都在不断增加，为满足此阶段奶牛的营养需要，最大程度降低产后能量负平衡，应提高日粮能量和蛋白浓度以满足此阶段奶牛的营养需求。此外，与经产奶牛相比初产牛的体型较小，其摄入的营养物质除供给胎儿生长需要外，还要满足自身生长发育的需求，故初产奶牛对能量和蛋白的需要高于经产奶牛。

日粮中充足有效的纤维含量对保证围产期奶牛瘤胃的健康至关重要，可供给围产前期奶牛优质禾本科牧草 2.5~3.5kg、全株青贮玉米 10~15kg，以保证瘤胃功能正常和瘤胃中纤维降解菌的活力。全混合日粮（TMR 日粮）中饲草的长度不低于 5cm，应使用铡草机对饲草进行预处理。奶牛围产期日粮应添加充足的维生素和微量元素。分娩前给奶牛补硒及维生素 A、维生素 D、维生素 E 不但可提高新生犊牛的成活率和健康水平，还可降低新产母牛乳房炎、胎衣不下和产乳热的发病率，并可加速其子宫恢复及提高产奶量和产后配种的受胎率。

## 二、围产后期的配方

围产后期是指奶牛分娩后至产后 21d 这一时期，是奶牛分娩后的恢复阶段。此时奶牛体质虚弱，免疫力下降，能量负平衡明显，应以恢复奶牛体质，降低产后疾病的发病率，提高泌乳能力为主目标设计配方。

日粮要保证营养物质搭配合理，物质含量充足，逐渐增加精料的饲喂量，每日增加量控制小于 1.5kg，分娩后让奶牛自由采食饲料，应慎用可能降低采食量的饲料，保证优质牧草在日粮中所占的比例，防止真胃移位等疾病的发生。每日谷实类饲料饲喂量控制在 7~10kg/头，饼粕类饲料用量控制在 3~4kg/头，产后 2~3d 粗饲料以优质干草为主，用量 3~4kg/d，产后 3~4d 开始饲喂青贮饲料，日饲喂量控制在 15kg/头以上，产后 7d 开始增加块根类和糟粕类饲料，块根类饲料日饲喂量控制在 5~7kg/头，糟粕类控制在 10kg/头。产后 10d 内奶牛精料总添加量控制在每天 8~9.5kg/头，粗饲料有效纤维长度保证大于 2.6cm，中性洗涤纤维（NDF）含量尽可能维持在 40% 以内的水平，可每天给奶牛饲喂 3~4kg 优质苜蓿和燕麦草及足量的全株玉米青贮等，以确保瘤胃充盈状态和健康高效的消化吸收功能。因此要及时添加缓冲剂，调整瘤胃酸碱度，稳定瘤胃 pH 值，促进消化。防止瘤胃酸中毒的发生。日粮中还需添加碳酸氢钠与氧化镁，配伍比例为（2~3）∶1，碳酸氢钠占日粮干物质的 0.8%，氧化镁为 0.4%。

提高日粮中钙的含量。由于分泌初乳和大量泌乳会消耗大量的钙，很多奶牛在产犊后都会发生不同程度的低血钙症。产犊后的最初几天，血钙用于泌乳的消耗可能超过 50g/d，若分娩后不能及时恢复正常的血钙水平易导致产乳热、胎衣不下等疾病。因此，分娩后应立即调整日粮钙水平，新产牛日粮干物质中钙含量应达到 0.7% ~ 0.8%，钙磷比约 1.5 : 1。每日摄入量达到 150g/头以上。

# 第二节　围产期奶牛的营养需要

## 一、围产期奶牛泌乳净能

评价奶牛围产期营养平衡采用泌乳净能（$NE_L$）这项指标，基于奶牛围产期的生理特点，产前和产后能量需要的组成不同。

产前能量平衡（$EBpre$）计算公式如下：

$$EBpre = NE_I - (NE_m + NE_p)$$

式中：$NE_I$ 为泌乳净能的摄入量（MJ/d），$NE_I = DMI \times$ 饲粮能量水平（以 $NE_L$ 计）；

$NE_m$ 为维持净能（MJ/d），$NE_m =$ 代谢体重（$BW^{0.75}$）× 0.080；

$NE_p$ 为妊娠净能需要（MJ/d），$NE_p = [（0.00318 \times$ 妊娠天数 − 0.0352）×（犊牛初生重/0.45）]/0.218。

产后能量平衡（$EBpost$）计算公式如下：

$$EBpost = NE_I - (NE_m + NE_L)$$

式中：$NE_L = （0.0929 \times$ 乳脂率 + 0.0547 × 乳蛋白率 + 0.0395 × 乳糖率）× 产奶量。

## 二、围产期营养需求

胎儿的生长主要是在妊娠后期完成，此时也需要较多的营养物质，奶牛在围产期的营养需求发生较大变化，营养过剩或不足都不利于胎儿发育和母体健康，因此围产期奶牛的日粮配制要分阶段进行，要综合考虑奶牛在各阶段的 DMI、能量、蛋白、矿物质元素以及维生素的需求，要及时调整，合理供应，以保证奶牛健康地度过围产期。围产期奶牛的营养需求分为围产前期和后期，其营养成分见表 5-1。

**表5-1　围产期奶牛营养需求（干物质基础）**

| 项目 | 围产前期 | 围产后期 | 项目 | 围产前期 | 围产后期 |
|---|---|---|---|---|---|
| DM（kg） | >10 | >15 | Se（mg/kg） | 3 | 3 |
| NEL（Mcal/kg） | 1.4~1.6 | 1.7~1.75 | Cu（mg/kg） | 15 | 20 |
| CP（%） | 14~16 | 18 | Co（mg/kg） | 0.1 | 0.2 |
| NDF（%） | >35 | >30 | Zn（mg/kg） | 40 | 70 |
| NFC（%） | >30 | >35 | Mn（mg/kg） | 20 | 20 |
| FAT（%） | 3~5 | 4~6 | I（mg/kg） | 0.6 | 0.6 |
| Ca（%） | 0.4~0.6 | 0.8~1.0 | 维生素A（IU） | 85 000 | 75 000 |
| P（%） | 0.3~0.4 | 0.35~0.40 | 维生素D（IU） | 30 000 | 30 000 |
| Mg（%） | 0.4 | 0.3 | 维生素E（IU） | 1 200 | 600 |

# 第三节　日粮配制技术

围产期奶牛日粮配制主要目的是缓解能量负平衡，需要采取日粮配制技术提高奶牛干物质和其他生糖物质的摄入。围产阶段的成功过渡，通过饲料营养调控，提高奶牛代谢、减少炎症和疾病的发生，将有利于整个泌乳期生产性能的提高。

## 一、TMR日粮配制技术

围产期奶牛的日粮要充分搅拌，如果搅拌不均匀，就会出现奶牛采食量降低，奶牛出现异食癖等现象。目前对于规模化奶牛养殖场来说，最好采用TMR全混合日粮来饲喂，可以避免奶牛挑食，确保采食到充足、均衡的营养物质，还可以减少饲料的浪费。保证日粮中优质粗饲料的供给，同时TMR日粮中饲草的长度不低于5cm，使用铡草机对饲草进行预处理后再使用，保证饲草在瘤胃的消化。

围产阶段的成功过渡要控制好日粮的精粗比。应逐步增加日粮中精料的比例，一般而言，产前3周开始可逐日增加0.3~0.5kg精料，但不超过体重的1%（5.5~6.0kg）。产后3d内维持产前精料用量，之后根据奶牛食欲和乳房消肿情况，逐日增加0.5kg精料，同时增加青贮饲料喂量。一方面，可以使瘤胃微生物逐渐适应高精料型日粮，减少日粮结构突变造成的应激；另一方面，可为应对产后能量负平衡做一定的能量储备。围产前期奶牛机体组织内的蛋白质贮存不但有利于乳腺和胎儿的发育，同时也利于泌乳并能降低产后代谢疾病的发病率。

精料的饲喂量不宜过多，具体饲喂量要根据奶牛的实际情况来确定，避免饲喂过量，否则会造成饲料的浪费，还会使奶牛发生瘤胃酸中毒等反应。给料应定时、定量，先粗后精，先干后湿，先喂后饮。精料的饲喂量逐渐增加，粗饲料应以优质干草、青贮饲料、块根类和糟粕类为主。另外，为防止奶牛便秘，可在产前 2~3d 向日粮中加入适量的轻泻性饲料，比如小麦麸皮等。在产后 2d 需要改变饲料，给奶牛提供易于消化的精料，并配合饲喂优质青草，奶牛在产后 3d 要减少饲喂量，在分娩当天则要停止喂料。

# 二、添加营养调控剂

产后饲料应添加一些营养调控剂，可增强奶牛围产期抗氧化和免疫功能，并降低代谢性疾病的发生，提高产后泌乳和繁殖性能。

## 1. 过瘤胃烟酸

围产期脂肪的分解为奶牛提供能量，但大量 NEFA 释放导致奶牛肝脏糖脂代谢变化，产生脂肪肝和酮病。烟酰胺是烟酸（维生素 $B_3$）的酰胺形式，参与体内脂质代谢，是辅酶 I 和辅酶 II 的组成部分，而这两种酶在动物氧化供能过程起到供氢体的作用，促进肝脏脂肪酸的完全氧化，也减少酮体产生。添加过瘤胃烟酸能够提高辅酶 I 和辅酶 II 的产生，脂肪酸的完全氧化可提高能量供应，缓解奶牛能量负平衡。

## 2. 过瘤胃胆碱

由于胆碱可在瘤胃中被微生物大量降解，极少数可进入小肠，为保障其正常功能，围产期奶牛使用过瘤胃胆碱，一方面，过瘤胃胆碱有利于肝细胞脂肪酸氧化，胆碱在肝脏中转化为肉毒碱，促进肉毒碱棕榈酰转移酶 1（CPT1）基因表达，促进 NEFA 氧化供能，同时抑制肝脏脂肪酸合成酶的表达，减少肝脏脂肪酸合成，提高能量利用效率，缓解能量负平衡；另一方面，胆碱可通过提高抗氧化能力和免疫功能提高围产期奶牛健康。

## 3. 过瘤胃葡萄糖

葡萄糖是特别重要的营养性单糖，是最为快速有效的供能营养素，也是大脑神经系统、肌肉、胎儿生长、脂肪组织、乳腺等代谢的唯一能源，其含量直接影响脂肪的分解状态，也与奶牛的产奶量和乳品质密切相关，高产奶牛产后血清葡萄糖含量下降，围产后期奶牛每天缺少 250~500g 葡萄糖，因此额外的供应添加可缓解奶牛能量负平衡，但直接添加可产生瘤胃酸中毒。糖的过瘤胃保护技术，可提高奶牛肠道中葡萄糖的吸收量，缓解奶牛能量负平衡。

4. 丙酸盐类

奶牛围产前期的乙酸、丁酸、总挥发脂肪酸含量显著高于泌乳期，而此阶段奶牛缺乏丙酸。围产期奶牛主要通过丙酸（净能需要量的50%~60%）经糖异生产生葡萄糖供能，丙酸生成量的减少，肝脏糖异生底物不足，是造成能量负平衡的重要原因。随着日粮丙酸盐含量的增加，奶牛可合成更多葡萄糖用于乳糖合成或供能以缓解能量负平衡。同时丙酸盐对霉菌、革兰氏阴性菌、黄曲霉菌有较好的抑制作用，是安全的饲料添加剂。

总之，应尽可能缩短泌乳前期能量负平衡时间和失重期，使奶牛尽快恢复体质，减少代谢病的产生。

# 第六章 围产期奶牛的饲料资源及其利用

## 第一节 围产期奶牛的饲料资源

围产期是奶牛泌乳周期中的一个关键阶段，奶牛处于多种营养素的负平衡状态，部分生理代谢功能紊乱，易发多种代谢性及其他疾病，严重威胁奶牛健康和高效生产。因此，研究奶牛围产期营养需要，为围产期奶牛提供质量安全且营养全面的饲料，对保障奶牛健康和泌乳性能的持续高效发挥，促进奶业可持续发展具有重要意义。

### 一、粗饲料资源

粗饲料的种类较多，包括牧草类、秸秆类等。粗饲料是奶牛养殖最基本的饲料，其作用是填充瘤胃容积，刺激瘤胃壁并保持瘤胃正常的消化功能，为奶牛提供能量，提高乳脂率。饲喂奶牛时要做好粗饲料的选择与加工工作，提高饲料利用率。

常见的粗饲料主要特点是中性洗涤纤维（neutral detergent fiber，NDF）含量高（通常占干物质的 60% 以上），纤维木质化程度高，粗蛋白（crude protein，CP）含量相对较低，消化率低，适口性差。直接饲喂奶牛的粗饲料营养价值很低，而对粗饲料进行适当的加工处理能大幅提高其利用率。处理方式主要分为物理法、化学法、生物法和复合处理法。物理法主要包括切短、粉碎、浸泡、压块和蒸汽爆破等；化学法主要包括碱化和氨化等；生物法主要包括微贮、酶解等；复合处理法主要包括氢氧化钙与尿素复合处理、物理化学联合处理及生物化学联合处理等。

### 二、青绿多汁饲料资源

青绿多汁饲料的合理饲喂可提高奶牛生产性能。青绿饲料种类很多，包括天然或人工栽培的牧草、农作物茎叶、蔓藤、蔬菜、块根、块茎类饲料以及瓜果类饲料。

青绿饲料的特点是鲜绿多汁，含水量高，可高达75%~95%。其所含的干物质较少，消化率高，且含有丰富的维生素和钙质，是提高奶牛产奶量的重要饲料，可使奶牛生产出营养成分较为丰富的牛奶。青绿饲料的适口性好，并且青饲料中所含有的酶、激素以及有机酸可刺激奶牛的肠胃，有助于消化和预防奶牛便秘。在炎热夏季，饲喂青绿多汁饲料还可以起到防暑降温作用。但是在使用青绿饲料时要注意控制好用量，不宜饲喂过量，否则会限制其他营养物质的采食量，造成奶牛能量不足而影响生产性能。一般奶牛每天的青绿饲料采食量不宜超过体重的10%。在使用青绿饲料时无须特别的加工，可以直接饲喂，在饲喂时要注意搭配饲喂能量饲料。青绿饲料贮存时间不宜过长，否则易产生有毒物质。

青绿饲料含有较为丰富的蛋白质，其中豆科植物的蛋白质含量为3%~4%，草类植物的蛋白含量为1.5%~3%。青绿饲料含有种类较为丰富的氨基酸和维生素，且粗纤维的含量较少，具有较高的消化率。青绿饲料在不同生长阶段的营养价值不同，在幼嫩期时，粗纤维和无氮浸出物的比例为（1~2）：1。随着青饲料进入衰老期，粗纤维的比重会随之增加。另外，青绿饲料中蛋白质的含量也会随着生长期的变化而发生变化，青饲料的生长期越长，蛋白质的含量越低。因此，要选择适宜的生长期来收割，一般收割青饲料的最佳时期是抽穗期或开花期。

多汁饲料主要指的是块根、块茎类和瓜果类饲料。多汁类饲料最大的特点是含有较高的水分，有的可高达90%。干物质中糖类和淀粉的含量较高，维生素的含量也较为丰富，粗纤维的含量较少。多汁饲料的粗纤维含量较少，适口性好，可以刺激奶牛的食欲，增加采食量，促进产奶量的提高，是饲喂奶牛的优质饲料。多汁饲料的蛋白质和矿物质的含量较少，并且具有轻泻作用，如果饲喂过量会导致奶牛腹泻。用于饲喂奶牛的主要多汁类饲料有甜菜、胡萝卜、马铃薯、甜菜渣和瓜果类饲料。

甜菜含有较多的糖和蛋白质，但是缺乏维生素和胡萝卜素。胡萝卜是饲喂奶牛的优良饲料，含有丰富的胡萝卜素，对繁殖力有促进作用；

马铃薯的淀粉含量较高，可以给奶牛提供能量，但是缺乏钙、磷等微量元素；瓜果类也是良好的多汁饲料，含有较为丰富的维生素和水分。在饲喂青绿多汁饲料时要有其他含水量较少而干物质含量较多的饲料搭配饲喂，以平衡营养。

青绿饲料一定要保持新鲜，因其含氮量较高，贮存不当易发生腐烂而产生有害物质，奶牛食用后会引起不良反应，因此，这类饲料在收割后要尽快饲喂，如果剩余也要堆放在阴凉处，不可将腐烂发黄的饲料喂给奶牛。贮藏胡萝卜时最好用湿沙土掩盖，防止腐坏以及营养流失。甜菜也不宜存放时间过长，否则会形成硝酸盐导致奶牛中毒。较硬的多汁类饲料，如胡萝卜、马铃薯等在饲喂前洗净切碎，以免奶牛采食时堵塞气管。一些豆科牧草，如苜蓿等含有较多的皂角素，奶牛采食过量后会受到胃酸刺激产生泡沫，使胃膨胀，严重时会引起死亡，因此饲喂时要适量。

### 三、青贮饲料资源

青贮饲料是饲喂奶牛的优良饲料，其柔软多汁、气味酸香、适口性好，且原料中的营养成分保存较多。调制过程中蛋白质、维生素的损失少，因此可为奶牛提供较多的营养物质，是饲喂奶牛的主要饲料之一。

制作青贮饲料主要有以下工序：适时收割、适当晾晒、铡短、装窖、封顶。简单的制作要点就是：早收、快贮、铡短、压实、封严。

用于调制青贮料的原料主要有青贮玉米、牧草等青绿饲料。青贮饲料的营养成分主要由原料的刈割时间来决定，一般青贮玉米最佳的刈割期为腊熟初期、苜蓿在初花期，黑麦在抽穗期。用作青贮饲料的农作物秸秆收割过早会影响作物产量，收割过晚则会影响青贮质量。比如可以从两个方面掌握玉米秸秆的收割时间：一是看籽实成熟程度，乳熟早，完熟迟，蜡熟正当时；二是看青黄叶比例，黄叶差，青叶好，对半就嫌老。即全株带穗青玉米要在整棵下部有3~4张叶变成棕色。单纯青贮玉米秸，要在玉米基本成熟，玉米秸有一半以上青叶时为宜。甘薯秧青贮应该在甘薯成熟后霜前割秧以保证青贮质量。

## 四、能量饲料资源

能量饲料主要包括谷实饲料如玉米、大麦、小麦、高粱、麦麸，块根饲料如马铃薯、红薯等。饲料中的能量水平过低，奶牛的生产力就会下降，产奶高峰期会大大缩短，而过高的能量水平对奶牛的健康也会造成不良影响，引起疾病。当奶牛饲料中能量水平高于标准水平的60%时，奶牛产奶后就容易出现瘫痪和乳房炎，因此要合理地搭配使用能量饲料。另外，奶牛处于不同泌乳阶段，可饲用不同的能量饲料以便提高饲养效益和乳品质。

玉米是世界三大谷物之一，世界上大约65%的玉米都用作饲料，是畜牧业赖以发展的重要基础。玉米的能量价值在所有谷物饲料中是最高的，是反刍动物日粮中重要的能量物质，玉米中淀粉含量较高，占72%~74%，易被消化吸收且利用率高。

小麦按种植时间分为冬小麦、春小麦，按皮色分为红小麦、白皮麦、花麦，按麦粒质地分为硬质小麦和软质小麦。硬质小麦的蛋白质含量（13%~16%）比软质小麦（8%~10%）高，但干物质、能量及蛋白质利用率两者相差不大。小麦赖氨酸含量为0.31%~0.37%，小麦的化学成分在很大程度上受到小麦品种、籽粒颜色、土壤类型、环境状况、肥育状况的影响。

饲用高粱与其他作物相比，产量高、品质好。饲用高粱植株高大粗壮、茎秆多汁且茎叶繁茂，营养成分高，奶牛喜食，且易于消化吸收。高粱抗逆性强、适应性广。抗旱、耐涝、耐盐碱、抗病害，在一般的耕地和轻盐碱地均可种植。饲用高粱茎秆汁液丰富、甜度高、秆脆、粉碎速度快、省工且质量好，青贮后质地细软、适口性极佳，奶牛食用后利用率高。

## 五、蛋白质饲料资源

奶牛在维持其正常的生命活动和进行牛奶生产时，必须从饲料中不断获取所需的蛋白质。蛋白质饲料是提供高产优质牛奶的基础，而我国的饲料资源紧缺，尤其是蛋白质饲料，越来越依赖进口。因此在奶牛生产中必须高效利用蛋白饲料资源，以降低生产成本，节约粮食和饲料资源。蛋白质饲料使用不当或能氮比不当，可造成地表和水体的污染，使得水体富营养化。由于过量的氮在奶牛体内难以吸收而形成氨气排出，直接对大气形成污染。不同蛋白质饲料间由于品质不同，主要是必须氨基酸含量不同，需合理搭配以保证奶牛摄入足量合理的蛋白质。

菜籽粕是对油菜籽直接压榨或进行溶剂提取加工除去绝大部分油后得到的饼粕，芥子油含量不超过 2%，其蛋白质含量不少于 35%，粗脂肪含量不高于 12%。

棉籽粕是通过溶剂提取加工除去大部分油后精磨成片或经机械压榨加工除去大部分油后精磨成饼而得到的产品，其蛋白质含量不得低于36%。棉籽粕纤维含量高、能量含量低且蛋白质可消化性较高。当日粮总干物质中棉籽产品（棉籽和棉籽粕）含量不超过 15% 时，棉酚的毒性和棉酚对繁殖不利的影响可以不用考虑，无论是整棉籽还是棉籽粕，其饲喂上限都应受到控制。

大豆粕是全大豆或去皮大豆采用溶剂提取法除去大部分油后磨成片得到的产品。从全大豆得到的产品，其粗纤维含量不得超过 7%，水分含量不得超过 12%，粗纤维含量不得超过 3.5%。机械压榨大豆饼是采用机械压榨法从全大豆除去大部分油后加工成饼状或片状产品，其粗纤维含量不得超过 7%，水分含量不得超过 12%。全大豆饼和去皮大豆饼风干状态下的蛋白质含量分别为 44% 和 48%。

## 六、矿物质饲料资源

日粮矿物元素转变为离子，并且通过主动或被动方式从动物胃肠道吸收。主动吸收是指矿物元素通过肠壁由肠腔泵入肠细胞的过程，主动吸收的矿物质元素包括钙、磷和钠。通常主动吸收是逆浓度梯度进行的，即矿物质由低浓度被泵到高浓度，此过程消耗能量。大部分矿物质的吸收是以被动吸收方式进行的，即元素通过胃肠道表层从高浓度流向低浓度。因此被动吸收的数量受到饲料中和体内元素浓度的影响很大。矿物元素主要以离子形式吸收，消化糜中的一些成分可能与矿物质结合（螯合），使其不能被动物吸收。植酸、草酸盐和脂肪都能结合某些矿物元素，因此降低了其对动物的可利用性。矿物元素的存在形式（有机或无机）和肠道的 pH 值，也影响吸收。矿物质有时会干扰其他必需元素的利用，例如过量的钙会干扰磷和锌的吸收。泌乳奶牛的细胞对矿物质的需要量较低，但由于吸收量较少，所以需要增加日粮中的矿物质含量。

奶牛所需要的铁、铜、锰、锌、钴、碘、硒等微量元素，虽然仅占其体重的 0.0001%～0.01%，但保证了奶牛的骨、牙、毛、蹄、角、软组织、血液和细胞的需要，对集约化饲养和人工配制的饲料，微量元素添加剂必不可少。饲料中填足各种微量元素，可使牛奶产量提高 3%～20%，饲料转化率提高 11%～25%。缺乏微量元素的奶牛生长发育迟缓、繁殖性能降低，产奶量下降，发生代谢性疾病，严重者死亡，造成经济损失。

目前我国常规的矿物质饲料添加剂有食盐、碳酸钙等。新开发的矿物质添加剂有海泡石、膨润土、稀土、凹凸棒石、蛭石和泥炭、麦饭石、沸石等矿物质。

矿物质饲料添加剂常是无机化合物，多以矿物盐中的硫酸盐居多，因其价廉和效果较好而被广泛应用。但这些矿物盐类均为强酸弱碱盐，因而对动物胃肠产生刺激，甚至造成不良影响。同时，这些盐因自身易吸湿结块而难于加工。通过改进后的有机化合物，即有机酸元素系列，如乳酸铜、富马酸亚铁，葡萄糖酸锌等有机酸金属的"配位化合物"，大大提高了矿物微量元素的利用率及生物功效。而目前已研制并应用的矿物微量元素饲料添加剂第 3 代产品"氨基酸微量元素螯合物"具有更好的饲喂效果。

氨基酸微量元素螯合物是指由氨基酸（或短肽物质）与可溶性金属盐中的金属元素（铁、铜、锰、锌等），在一定工艺条件下，通过化学方法经螯合反应，制成的独特螯环状结构的化合物（即螯合物）。氨基酸微量元素螯合物有复合型氨基酸螯合物和单项产品，如氨基酸铜、氨基酸铁等。它们是由复合氨基酸（如水解蛋白等）制成的螯合物，或是由单个氨基酸，如蛋氨酸、赖氨酸等与单个金属元素螯合成蛋氨酸锌、赖氨酸铜等。这些螯合物，都是一种接近动物体内天然形态的微量元素，在机体内能被充分吸收利用并发挥补充剂的作用功效。

金属氨基酸和蛋白质螯合物是利用肽和氨基酸的吸收通道而吸收，并非小肠中普通金属吸收机制。金属螯合物以整体的形式穿过黏膜细胞膜、细胞和基底细胞膜进入血浆。位于五元环螯合物中心的金属元素，可以通过小肠绒毛刷状缘，以氨基酸或肽的形式被吸收。此吸收机制不会与无机微量元素竞争，且它们间的拮抗作用也明显减少。有机微量元素一方面受到配位体的保护，另一方面其分子内电荷趋于中性的特殊结构，都缓解了矿物元素的拮抗作用，故在消化道内的消化吸收过程中减少了脂类、纤维、胃酸和 pH 值等不利于金属吸收的物理和化学因素影响，提高了对金属离子的吸收和利用。

氨基酸螯合物是动物体内正常的中间产物，对机体很少产生不良刺激，有利于动物采食和胃肠道的消化吸收。同时可增强机体内酶的活性，有利于对营养物质的消化吸收，从而对饲料转化率、动物生长发育、繁殖等均有明显的促进作用。有机微量元素被吸收后，可将元素直接运送到特定的靶组织细胞和酶系统中，满足机体内的需要。同时氨基酸螯合物可作为"单独单元"在机体内起作用，可防止维生素对微量元素的分解破坏。此外氨基酸螯合物具有一定的杀菌作用，故有机微量元素螯合物有提高免疫应答、细胞免疫及体液免疫功能等作用。此外，有机微量元素螯合物对动物热应激和运输应激有一定的缓解作用。

微量元素螯合物的半数致死量远远大于无机盐，故其毒副作用小，安全性高。同时，螯合物保护着微量元素，不被酸夺走而排出，从而减少对环境的污染。另外有机矿物元素可增强动物免疫力，从而减少了抗生素的使用。金属离子和有机配体的反应可为金属离子在介质中的浓度提供一个缓冲系统，进而此系统可通过解离螯合物的形式来保证金属离子浓度的恒定，即调整和维持胃肠的 pH 值，保持酸碱平衡。与氨基酸螯合的矿物元素，可提高瘤胃氨基酸和微量元素的利用率、改善胴体品质，提高日增重和饲料转化率，如蛋氨酸锌可提高奶牛日增重。金属氨基酸螯合物还可避免瘤胃微生物的降解而提高氨基酸在血液中的浓度，提高泌乳奶牛的产奶量，降低乳房炎发病率和腐蹄病的发生。

然而螯合的矿物元素仍有一定问题存在。首先，螯合矿物元素的使用无标准可依。目前国内没有全面的微量元素螯合物的使用标准，故产品质量难以准确判定，难以规范其生产和销售。其次，其作用机理不清。目前虽已知金属氨基酸螯合物和蛋白盐是利用肽与氨基酸的吸收机制，而有机微量元素在动物体内的吸收机制和代谢原理等，仍需作进一步研究。再次，螯合矿物元素无确定最佳用量和剂型。影响有机微量元素效果的因素有很多，其中有关动物体适用的最佳螯合物（络合物）的结构形式、添加量及剂型等均不十分清楚。虽然有机微量元素效果很好，但其价格远高于无机盐，仍需进一步改进生产工艺，以降低其生产成本。

## 七、饲料添加剂资源

饲料添加剂是奶牛日粮重要的组成成分，具有提高饲料转化效率和日增重、有效控制和缓解奶牛生产中常发疾病的作用。在奶牛的日粮中添加饲料添加剂，能够有效提高奶牛的产奶量。同时有些饲料添加剂还能提升牛奶中乳脂、乳蛋白的含量，从而提升牛奶的品质。根据饲料添加剂是否具有营养功能，可分为营养性添加剂和非营养性添加剂两大类，它们分别通过直接或间接的途径作用于动物机体。一些添加剂甚至需要和其他添加剂配合使用才能发挥良好的作用。添加剂的正确合理使用非常重要，因为错误或者过量地使用添加剂会降低动物的生产性能，甚至引发食品安全等重大问题。

### （一）营养性添加剂

（1）蛋氨酸及硫酸钠添加剂。奶牛产奶量与饲料中的蛋氨酸含量密切相关。植物性日粮中往往缺乏蛋氨酸，如添加 0.1% ~ 0.25% 的 DL-蛋氨酸，就能使奶牛产奶量提高 15% ~ 24%，饲料转化率提高 10% 以上。硫酸钠中硫元素在体内部分转化为蛋氨酸等含硫氨基酸，促进机体对蛋白质、维生素、酶和胆碱的合成和吸收等。N-羟甲基蛋氨酸钙在瘤胃中起降解的保护作用，用于奶牛饲料中可提高产奶量，使牛奶中乳蛋白、乳脂肪含量有所提高，延长产奶期，并缩短生产牛犊的间隔期。由此可见，蛋氨酸及硫酸钠添加剂的使用大大提高了奶牛的产奶量、饲料利用率以及饲料的营养价值。

（2）维生素添加剂。维生素是必须的微量营养成分，每种维生素起着其他物质不能替代的特殊作用。畜牧生产实践证明，日粮中如果缺乏维生素，可导致营养代谢障碍，严重者可引起发病死亡。由于维生素缺乏症在临床上不易区别，往往治疗困难，补饲维生素添加剂时要尽量补足。

### （二）非营养性添加剂

饲料中添加适量的酶制剂能降解一部分营养物质或抗营养物质，直接或间接地提高饲料养分的消化率和利用率。

益生素通过消化道微生物的竞争性排斥作用改善小肠微生态平衡，从而帮助奶牛建立有利于宿主的肠道微生物群，可有效预防腹泻并促进生长。

酸制剂不仅可以提高饲料的适口性，还可以实现饲料的充分利用，从而获得良好的饲养效果。因此，酸制剂在奶牛饲料中使用的越来越多。

驱虫保健剂可分为抗菌素、驱虫剂、pH 缓冲剂。驱虫剂是为了奶牛健康、高产、预防奶牛遭受寄生虫感染和侵袭，达到促进奶牛生长，提高饲料效率而必须经常使用的一类添加剂。

抗氧化剂可防止饲料中易氧化养分氧化酸败，保证饲料中营养成分的完整，提高饲料的营养价值。

防霉防腐剂可在多雨地区的夏季向饲料中添加，最常用的有丙酸及其盐类。防止饲料发生霉变，增强饲料的耐用性和安全性。

饲料品质改善剂包括饲用香味剂、饲用调味剂、饲用着色剂 3 种，用以改善饲料的口味和口感，以促进畜禽食欲、增加食量，提高奶牛的饲养效益。

抗结块剂在饲料中适量添加能保持饲料原料流散畅通，均匀地进入搅拌机。

中草药一般含有蛋白质、脂肪、糖类等营养成分，虽然成分的含量都比较低，但却可以成为动物机体所需的营养成分，从而起到一定的营养作用。此外，还能够促进奶牛生长、增强奶牛体质、提高抗病能力。

大豆异黄酮是一种主要分布于大豆的种皮、胚轴和子叶中的生物活性物质。在化学结构上，大豆异黄酮和哺乳动物的雌激素有相似之处，因此大豆异黄酮既能作为雌激素与受体结合，又能作为抗雌激素对雌激素与受体的结合起阻碍作用。目前发现异黄酮化合物主要有 3 类，即大豆苷类、染料木苷类、黄豆苷类，其中在奶牛生产中染料木苷类应用较多。通过在日粮中添加大豆异黄酮这种天然的雌激素，能够提高血液中的胰岛素样生长因子含量，调节相关的信号通路控制乳蛋白相关基因的表达，进而促进乳蛋白的合成，提高产奶量。日粮中添加大豆异黄酮可以显著提高奶牛的产奶量以及牛奶中的乳蛋白和乳脂肪含量，并在泌乳后期增加奶牛的泌乳量。

微生态活性添加剂是一种由枯草芽孢杆菌、粪链球菌接种在甜菜渣中，通过深层发酵法形成的饲料添加剂。甜菜含有很多对奶牛机体有益的物质，例如蛋白质、维生素、矿物质和抗氧化物质等，也是春冬季节奶牛维生素的主要来源。在奶牛日粮中添加不同含量的微生态活性饲料添加剂，可提高奶牛产奶量、乳蛋白率及乳脂率。

## 八、精饲料资源

精饲料是相对于粗饲料而言的，具有饲料容积小、粗纤维含量少、可消化养分含量多，营养价值比较丰富等特点。精饲料主要包括农作物的籽实（谷物、豆类及油料作物的籽实）及其加工的副产品。从营养的角度，可分为能量饲料和蛋白质饲料两大类。一般来说，能量饲料的适口性好，可消化养分含量高，加工调制的意义不大。但籽实类含有较硬的种皮、颖壳（主要成分是纤维素和木质素）、非淀粉多糖及豆类饼粕中含有抗营养因子，阻碍了动物对饲料中养分的消化利用。

为了提高奶牛精饲料的利用率，常用物理加工和生物调制两种技术调制精饲料。物理加工有粉碎、压扁、制粒、浸泡、湿润、蒸煮、焙炒与膨化等调制方法；生物调制有发芽、糖化、发酵等调制方法。

# 第二节 围产期奶牛饲料的相关加工技术

## 一、粗饲料加工调制

### （一）干草及其加工方法

干草是奶牛重要的饲料，含水量在15%以下，可长期保存。干草饲料中质量最好的是豆科牧草，如苜蓿和三叶草，其优点是蛋白质、胡萝卜素、钙和其他矿物质的含量丰富。而禾本科牧草的蛋白质和钙的含量较少。

干草是由青绿的牧草即鲜草加工而成的。鲜草的含水量大，一般在50%以上，加工成干草需要进行一定时间的晾晒，或者进行人工干燥，使其水分达到15%以下。因干草经干燥后仍保持一定的青绿颜色，因此也称为青干草。制作干草时必须要注意收割期，适宜的收割期可以保持干草丰富的营养价值。如果收割期推迟，青草过度成熟，其中的蛋白质、能量和钙的含量减少，纤维素含量增高，干物质的消化率也随之降低。

干草的制作方法主要有人工干燥法和机械干燥法，人工干燥法是在自然条件下晒制干草。因牧草叶片中的营养价值最高，采用人工干燥法，易损失大量的叶片，从而造成营养物质的损失。因此在收集干草时要注意叶片收集，选择在牧草的叶片还未脱时将干草集成草堆，再经过2~3d的干燥即可。机械干燥法是通过高温气流使牧草迅速干燥，时间短，损失少，但是在干燥的过程中蛋白质和氨基酸受到高温影响会有一定的损失，并且青草中的维生素C和胡萝卜素也会受到不同程度的破坏。

### (二) 秸秆饲料及其加工方法

我国秸秆饲料的来源广泛，主要有玉米秸秆、稻草、麦秸和豆秸等。秸秆饲料的纤维素含量高、蛋白质含量少，钙、磷的含量也较少。因此在饲喂前需要进行合理的加工以提高饲料消化率，常用的方法有粉碎、切短、碱化处理等。其中碱化处理法可以使粗纤维中的酯键打开，提高饲料的消化率和营养价值，目前使用较为普遍。

（1）无水氨化法。先将秸秆的含水量调节到30%~40%，再堆成垛，在垛高的0.5m处加塑料管用来通氨。草垛使用0.2mm厚的塑料薄膜密封，再通入按秸秆重量3%的无水氨，最后封严。一般经过2~4周的时间即可制作成功。在使用调制成的氨化饲料饲喂奶牛前需要将秸秆晒干，以使氨味消散。

（2）氨水处理法。这种方法是在秸秆上喷洒氨水，步骤是先将秸秆切短，然后堆放在窖中，与秸秆按照1:1的比例喷洒氨水，逐层装填，逐层喷洒氨水。等秸秆装满后，再使用塑料薄膜覆盖封严。调制的时间根据温度的不同而不同，一般在 5~15℃需要 4~8 周，15~30℃需要 1~4 周，30℃以上需要约 1 周，调制完成后需要开封晾干使用。

## 二、青贮饲料加工调制

收割后的青贮原料水分含量较高，可在田间适当摊晒数个小时，使水分含量降低到 65%~70%。收割后的青贮原料适当晾晒后，要及时运到铡草地点切短，否则易使养分大量损失。青玉米秸切短至 1~2cm，鲜甘薯秧和苜蓿草切短至 2~4cm，切得越短，装填时可压得越结实，有利于缩短青贮过程中微生物有氧活动的时间。此外，青贮原料切得较短，有利于以后青贮饲料的取挖，也便于家畜采食。切短后的青贮原料应及时入窖，可边切短边装窖边压实。为了提高青贮饲料中蛋白质的水平，在调制时可以在其中添加适量的尿素，通过这种方式可将蛋白质的含量提高到 12%~13%。在调制青贮料时注意原料要保持清洁，装填前要将其切短，并调节到适宜的水分。装料时要边装边压实，最后进行密封，一般经过 30~45d 即可发酵完成。使用时需要多少取多少，剩料不可放回，并且在开窖使用前要做好青贮料的品质鉴定工作。

装窖时，首先在窖底垫一层 10cm 厚的干草，以吸收青贮秸秆中多余的水分。每装 30~40cm 就要压实一次，尽量避免空气滞留，造成秸秆局部腐败，碾压时最好用履带拖拉机或农用四轮机。农户青贮窖容积小于 10m³ 时，可用人踩压。多种原料混合青贮，应把切短的原料混合均匀装入窖内。同时检查原料的含水量。水分适当时，用手紧握原料，指缝露出水珠而不下滴。如果当天或者一次不能装满全窖，可在已装窖的原料上立即盖上一层塑料薄膜，次日继续装窖。尽管青贮原料在装窖时进行了踩压，但经数天后仍会发生下沉，这主要是受重力影响和原料间空隙减少引起的。因此，在青贮原料装满后，还需再继续装至原料高出窖的边沿 80~100cm，然后用整块塑料薄膜封盖，再在上面盖上 5~10cm 厚的长稻草或麦秸，最后用泥土压实，泥土厚度 30~40cm，用铁铲拍压成馒头状（或屋脊状），以利排水。要经常检查青贮窖的发酵情况，当窖顶出现裂缝时，应及时覆土压实。

青贮原料的水分含量是决定青贮饲料质量的关键环节之一，原料的水分含量在65%~70%时青贮最为理想。如果原料含水量过低，装窖时不易踩紧，易导致霉菌、腐生菌等杂菌繁殖，使青贮饲料霉烂变质。如果原料含水量过高，降低了所含糖分的浓度，则会使青贮饲料发臭发黏，而且产生较高的酸度，降低食欲和采食量。青贮饲料开窖后，如果利用不好，常出现第二次发酵，使青贮饲料腐败变质。大容积青贮窖启用时，每次取青贮饲料要快速作业，每次一般不超过30min，取完立即封闭窖口，并用重物压紧，防止空气进入窖内。最好随喂随取，尽量不要取出过多，以免暴露在空气中时间过长发生腐败变质。甲醛（0.7%）、乙酸（0.3%~0.5%）、丙酸（0.25%~0.4%）均有抑制微生物活动的作用。因此，对已进入空气尚未腐败变质的青贮饲料，喷洒上述药品，可防止二次发酵。

## 三、精饲料的加工调制

### （一）物理加工

粉碎是籽实饲料最普遍使用的一种加工调制方法，整粒籽实在饲用前都应经过粉碎。粉碎后的饲料表面积增大，有利于与消化液充分接触，使饲料充分浸润，尤其对小而硬的籽实，可提高动物对饲料的利用率。

压扁是将玉米、大麦、高粱等加水后经120℃左右的蒸汽软化，压为片状后经干燥冷却而成。此加工过程可改变精饲料中营养物质的结构，如淀粉糊化、纤维素松软化，因而可提高饲料消化率，奶牛比较喜欢这种类型的饲料。

制粒是指将饲料粉碎后，通过蒸汽加压处理、颗粒机压制而成不同大小、粒度和硬度的颗粒。制粒后奶牛较喜食，可增加采食量。同时还增加了饲料密度，降低了灰尘，且可破坏部分有毒有害物质。

浸泡多用于坚硬的籽实或油饼的软化，或用于溶去饲料原料中的有毒有害物质。豆类、油饼类、谷物籽实等经过水浸泡后，因吸收水分而膨胀，所含有毒物质和异味均可减轻，适口性提高，也容易咀嚼，从而有利于动物胃肠的消化。浸泡时的用水随浸泡饲料的目的不同而异，如以泡软为目的，通常料水比为1：（1~1.5），即手握饲料指缝浸出水滴为准，饲喂前不需脱水，直接饲喂；若想溶去有毒物质，料水比为1：2

左右，饲喂前应滤去未被饲料吸收的水分。浸泡时间长短应随环境温度及饲料种类不同而异，如蛋白含量高的豆类，在夏天不宜浸泡。

蒸煮或高压蒸煮可进一步提高饲料的适口性。对某些含有毒有害成分的豆类籽实，采用蒸煮处理可破坏其有害成分。如大豆有腥味，适口性不好，奶牛不喜食，经适当热处理，可破坏抗胰蛋白酶，提高蛋白质的消化率、适口性和营养价值。

焙炒的加工原理和蒸煮基本相似，对籽实饲料，尤其是谷物籽实最适用。经 130~150℃ 短时间的高温焙炒可使淀粉转化为糊精而产生香味，提高适口性。焙炒时可通过高温破坏某些有害物质和部分细菌的活性，但同时也破坏了饲料中某些蛋白质和维生素。

膨化是将搅拌、切剪和调制等加工环节结合成完整的工序，恰当地选择并控制膨化条件，可获得高营养价值的产品。膨化饲料的优点是可使淀粉颗粒膨胀并糊精化，提高饲料的消化率。热处理使蛋白酶抑制因子和其他抗营养因子失活。膨化过程中的摩擦作用使细胞壁破碎并释放出油，增加食糜的表面积，提高消化率。

### （二）生物调制法

籽实的发芽就是通过酶的作用，将淀粉转化为糖，并产生胡萝卜素及其他维生素的过程，它是一个复杂的包含质变的过程。常用的是大麦发芽饲料，其发芽后一部分蛋白质分解为氨化物，而糖分、维生素 A、维生素 B 族与各种酶增加，纤维素也增加，无氮浸出物减少。

糖化是将富含淀粉的谷物饲料粉碎后，经过饲料本身或麦芽中淀粉酶的作用，将饲料中一部分淀粉转化为麦芽糖。而对蛋白质含量高的豆类籽实和饼类等则不易糖化。谷物籽实糖化后，糖的含量可提高 8%~12%，同时产生少量的乳酸，具有酸、香、甜的味道，显著改善了适口性，提高了消化率，可促进奶牛的食欲，提高采食量，使体内脂肪增加。

发酵是目前使用较多的一种饲料加工处理方法，利用酵母等菌种的作用，增加饲料中维生素 B 类、各种酶及酸和醇等芳香性物质的含量，从而提高饲料的适口性和营养价值。发酵的关键是满足酵母菌等菌种的活动需要的各种环境条件，同时供给充足的富含碳水化合物的原料，以满足其活动需要。发酵料可显著促进奶牛的生产性能和繁殖性能。此外，利用发酵法还可提高一些植物性蛋白质饲料的利用率，如将豆饼、棉籽饼、菜籽饼、麸皮等按一定比例混合，加入酵母菌、纤维素分解菌、白地霉等微生物菌种，在一定温度、湿度和时间条件下，即可完成发酵，提高饲料利用率。

### （三）精饲料的贮藏

围产期奶牛饲料的贮存应符合《配合饲料企业卫生规范》（GB/T 16764—2006）的要求，饲料宜分类堆放，摆放整齐，标识生产日期，取用宜先进先出。大型饲料库房应设制规范的管理制度，并严格执行操作流程，如有准确的出入库、用料和库存记录，饲料贮存场所定期检查，对于不合格或变质饲料杜绝使用，应销毁或做无害化处理。饲料贮存场地及周围定期杀虫灭鼠，杀虫剂和灭鼠药的选择应注意，不能对饲料场所及周边造成二次危害。饲料场要防雨、防潮、防冻、防火、防霉变及防鼠、防虫害。

# 第七章 围产期奶牛的饲养管理

## 第一节 干奶期奶牛的饲养管理

干奶期是奶牛饲养管理过程中一个非常重要的环节，干奶期的饲养管理、干奶期的长短、干奶方法的正确与否会直接影响胎儿的生长发育、奶牛的健康和奶牛的生产性能。干奶期过长或过短都达不到干奶的效果，不但会影响胎儿的生长发育，还会影响泌乳期的产奶量甚至影响奶牛终身的生产性能。因此，奶牛养殖需要做好干奶期的管理工作，让奶牛有一段修复时间，为下一个泌乳期做好充分的准备。

### 一、干奶期对奶牛饲养的意义

#### （一）促进胎儿的生长发育

奶牛干奶期是从母牛妊娠后期开始的，此时正处于胎儿快速生长发育阶段，胎儿的增重量非常大，占出生体重的85%，因此对营养的需要量增加，在此阶段需要较多的营养来供给胎儿的生长发育，此阶段停止泌乳，奶牛实行干奶，对胎儿生长发育最有利。

#### （二）乳腺细胞的休整和更新

虽然干奶期奶牛不产奶，但是这段时间的休整对于泌乳期产奶量至关重要。奶牛整个泌乳期的产奶量为 7~8t，高产奶牛会更多。因此要求泌乳期母牛的乳腺组织需要处于非常活跃的状态，如果得不到很好的休整和更新，乳腺细胞就会萎缩、功能减退，奶牛就会面临淘汰的命运。而通过干奶可以使萎缩的乳腺细胞得到更新和修复。奶牛在这段时间虽然停止产奶，但是下一个泌乳期到来后的产奶量会明显提高。有研究表明，不干奶的奶牛在第二个和第三个泌乳期的产奶量仅为第一个泌乳的62%～75%，这就说明奶牛持续地产奶而不干奶，不但不会提高产奶量，反而会导致产奶量有所下降。

### （三）增加妊娠奶牛的体重

妊娠后期奶牛营养的摄入，一是为了胎儿的快速生长发育，二是为产后泌乳做好准备，三是维持体重。妊娠后期适当的营养蓄积可以有效地缓解奶牛在产后出现营养负平衡，而造成体重损失过多，并且干奶期的饲喂还可以补偿奶牛消耗的体重，促进奶牛发情排卵，提高繁殖性能，但是要注意避免在干奶期将奶牛饲喂过肥，不但不会提高产奶量，而且对泌乳性能也不利。

## 二、干奶期奶牛的饲养管理

### （一）确定干奶时间

奶牛的干奶期一般都是在50～70d，但是对于一些早期需要配种、身体虚弱、年龄比较大、高产量的母牛来说，由于产奶量低，而导致干奶期会缩短到45～50d。干奶期过长和过短对奶牛都有不利的影响，干奶期过长会让奶牛变得更加肥胖，发生一些新陈代谢方面的疾病，同时也会降低泌乳量；干奶期过短就会使奶牛乳腺等组织恢复能力减弱，同样也会减少泌乳量。理想的干奶期应该是在保证本胎次泌乳期损失的泌乳量最少的前提下，提高下一个胎次泌乳期的泌乳量。根据每头母牛具体配种时间的不同进行干奶时间的选择，是理想中控制干奶期长度的方法，这也就要求我们对奶牛的配种时间和类型进行严格、准确的记载。

### （二）提前调整饲养管理方案

在距离停奶一周的时候，应该调整母牛的饲喂方式，且饮水方式由原来的自由饮水改为定时适量饮水，以减少产奶量。挤奶次数也要做出改变，由原来每日3次挤奶改成每日2次挤奶。在距离停奶还有3d的时候，可以根据奶牛的具体产奶量调整饲喂方案，若此时奶牛的产奶量相对较高，那么要减掉所有的精料；若产奶量已经减少但每日产奶量还是在10kg以上，那么饲料中减掉一少部分精料；若每日产奶量低于10kg，则不需要调整精料的饲喂量，但是要合理控制每日的饮水量，挤奶频率改为每日一次。同时，母牛也是需要进行训练活动的，饲养员应该对母牛进行每日训练，定期适量增加母牛的运动时间，以此来增加母牛的消耗量，也可以提高母牛的体质。

### （三）封闭乳头

奶牛干奶一定要做好乳房炎的预防工作，特别是对于高产奶牛来说。在干奶期将要到达的时候，在最后一次挤奶之后向母牛的乳房中注射油剂抗生素或者是专业的干奶剂。油剂抗生素的配制是需要严格控制的，首先要取 40mL 已经进行加热灭菌的花生油，等花生油冷却下来之后可以放入青霉素和链霉素，其剂量一般是青霉素 320 万 IU、链霉素 200 万IU，由乳头处的小孔向母牛的每个乳区进行注射，一般以 10mL 为标准。如果发现有乳房炎要及时进行治疗，等炎症消失后再封闭乳头。

### （四）注意观察乳房的变化

按上述方案操作完后要及时对母牛乳房变化情况进行观察和记录，研究母牛经操作之后发生了哪些细节性的变化。一般在正常情况下，母牛会在第 2~3d 时乳房发生明显充血、胀痛反应，在第 3~5d 时所堆积的奶水就会慢慢消化吸收，在第 7~10d 时乳房的体积有明显减小的趋势，乳房内部的组织会变得比以前柔软，这个时候就说明母牛已经停止分泌乳汁，停奶成功。在干奶这个过程中，如果出现严重的乳房肿胀现象，或者出现乳房红斑、发亮、发热以及母牛发烧的现象，应该立即停止干奶、进行挤奶，将乳房中所积累的乳汁挤出来之后对乳房进行消炎治疗以及采取按摩措施，防止不及时挤奶而造成乳房涨坏。

## 三、干奶期的注意事项

### （一）保证奶牛的营养均衡

在饲养管理条件一致的情况下，同一品种、年龄的奶牛，体型不同，其产奶量也存在差异。研究表明体型和产奶量呈正相关的趋势，奶牛的体型越大，产奶量越高。体型大的奶牛消化器官的容积相对也大，采食量多，进而产奶量相对就比较高。研究表明，体重每增加100kg，年产奶量就随之增加 1t 左右。体型小的奶牛乳静脉不发达，泌乳性能相对较低。

### （二）预防乳房炎

奶牛初配年龄的选择至关重要，初次配种太早或者太晚都会影响首次泌乳期的产奶量，并且对终生产奶量也会造成一定的影响。随着年龄和胎次的增加，奶牛产奶量呈现抛物线趋势，前 3 胎次逐渐上升，依次是最高产奶量的 70%、80% 和 90%~95%，第 4~7 胎时达到产奶高峰，之后随着机体的衰老，产奶量逐渐下降。

# 第二节　围产期奶牛的饲养管理

## 一、饲养管理

奶牛的围产期是奶牛养殖过程中一个较为重要的阶段，围产期饲养管理好坏关系到奶牛的健康、繁殖性能和生产性能，所涉及的工作较多，包括饲料、管理和疾病的预防工作等。

### （一）围产前期饲养管理

1. 日粮管理

逐步增加精料饲喂量，提高日粮能量浓度。奶牛进入围产期后即应开始逐步增加日粮中精料的比例，一方面，可以使瘤胃微生物逐渐适应高精料型日粮，同时使日粮结构与围产后期日粮尽量保持一致，减少由产后日粮结构突变所造成的应激；另一方面，由于临近分娩，奶牛内分泌系统发生了巨大的变化，导致奶牛进入围产期后干物质采食量急剧下降，但同时其对于营养物质的需求却在不断增加，因此在围产前期应适当提高日粮能量浓度，为应对产后能量负平衡做一定的能量储备。

2. 分群管理

围产前期奶牛应单独组群饲养，配制围产期日粮。分群应遵循以下原则：如条件允许应将头胎牛与经产牛分开饲养；应根据奶牛体况制订饲喂方案，保证奶牛分娩时的体况评分介于 3.25~3.75。

## 3. 饲养管理

提高奶牛干物质采食量，奶牛分娩前后 1 周不宜大幅度改变日粮结构和更换饲料，尽量不用适口性差的饲料喂牛。严格管控饲料质量，禁喂发霉变质饲料。供给奶牛充足、清洁的饮水，冬季最好供给温水。加强巡舍，以及时发现临产奶牛并将其转入产房待产。加强奶牛运动，预防难产和胎衣不下发生。

## 4. 环境管理

围产期奶牛生活环境应干净、干燥、舒适，定期更换垫料，每天对卧床和采食通道进行消毒，定期对运动场进行整理和消毒。每天应对奶牛的后躯进行消毒，有条件的每天对奶牛乳头进行药浴，预防乳房炎发生。

## 5. 其他

奶牛进入围产期后技术人员应加强巡舍，及时发现临产奶牛并将其转入产房待产，此期间应保证奶牛可以随意进出运动场做运动。

### （二）围产后期饲养管理

围产后期是奶牛分娩后的恢复阶段，此时奶牛虚弱，免疫力下降，能量负平衡显著。此阶段应提高奶牛的采食量，促进其体质恢复，降低产后疾病的发生率，为即将到来的泌乳高峰奠定基础。围产后期是本胎次产奶的关键，所以抓好这一阶段的饲养管理工作是整个泌乳期的重中之重。

## 1. 日粮管理

围产后期奶牛产奶量较高，但采食量尚未恢复，为满足低采食量下奶牛的营养需要，应逐渐提高日粮营养浓度。分娩后让奶牛自由采食饲料，供给其适量优质牧草，防止真胃移位等疾病发生。产后 1 周内的奶牛，饲养上以优质干草为主，任其自由采食，精料逐日渐增 0.45～0.50kg。对产奶潜力大、健康状况良好、食欲旺盛的奶牛应多加精料，反之则少加，同时，在加料过程中要随时注意奶牛的消化和乳房水肿情况，如发现消化不良，粪便稀或有恶臭，或乳房硬结，水肿迟迟不消等现象，就要适当减少精料。待恢复正常后，再逐渐增加精料，待奶牛食欲恢复，身体健康后，再按标准喂给。应逐步增加精料喂量，但应防止精料增加过快导致瘤胃酸中毒发生，一般可在产后 10~15d 将精料喂量提升至 8.0~9.0kg/（d·头）。为缓解产后能量负平衡导致体况损失，可在奶牛日粮中添加适量过瘤胃脂肪。

为了防止由于大量泌乳而引起乳热症等疾病，对于体弱 3 胎以上的奶牛，应视情况补充葡萄糖酸钙 500~1 500mL。对有乳热症病史的牛，日粮钙含量应降为 20~40g/d，磷含量 30g/d，钙磷比调为 1∶1，如已发生乳房过度水肿，则需酌减精料量。除此之外，为防止奶牛产后血镁浓度的降低，应在奶牛日粮中增加镁含量。

不宜饮用冷水，以免引起胃肠炎，一般最初水温宜控制在 37~38℃，1 周后方可逐渐降至常温。为了增进食欲，宜尽量让奶牛多饮水，但对乳房水肿严重的奶牛，饮水量应适当控制。保证母牛饮用水充足，水温恒定在 37~38℃，切忌给牛饮冷水。奶牛分娩体力消耗很大，分娩后应让其休息，并加强营养，以利奶牛恢复体力和胎衣排出。

2. 产房管理

为新产牛提供舒适、干净、干燥的生活环境，定期对新产牛舍，尤其是卧床进行消毒，同时保证新产牛可以自由进出运动场。分娩时应尽量保证奶牛顺产。对发生难产的奶牛需及时助产，助产时应严格遵循消毒和助产程序，分娩完成后应立即将犊牛与母牛分离并将母牛赶起灌服营养液、挤初乳、去尾毛。挤初乳时应严格执行挤奶程序并检查奶牛是否患有乳房炎，同时检测初乳质量。

3. 产后监护

产后监护主要包括体温、泌乳状况、粪便情况、胎衣排出情况等。对产后牛应连续 10d，每天上、下午各进行一次体温监测，若体温异常，应及时查找原因并处置。每日检查新产牛的泌乳量和牛奶状况，若泌乳量以每日约 5% 的比例上升，可视为奶牛健康状况良好。粪便方面，应每日观察新产牛的粪便性状，若粪便稀薄、发灰、恶臭则表明奶牛瘤胃可能出现异常，此时应适当减少精饲料喂量，提高优质粗饲料用量，严重的应及时治疗。每日观察胎衣和恶露的排出状况，及时将奶牛排出的恶露清理干净，并用 1%~2% 的来苏尔水消毒新产牛的臀部、尾根、外阴、乳镜等部位，产后几天只能观察到稠密的透明状分泌物而不见暗红色的液态恶露就应及时治疗，分娩后 12h 胎衣仍未排出即可视为胎衣不下。此外，还应观察奶牛的外阴、乳房、乳头是否有损伤，是否有发生产乳热的征兆等。

4. 挤奶管理

在挤奶过程中，一定要遵循挤奶操作规程。新产牛的乳房水肿严重，若不及时将牛奶挤净会加剧乳房胀痛，抑制泌乳能力，同时也会影响奶牛的休息与采食。除难产牛和体质极度虚弱的牛外，应一次性将初乳挤净。新产牛若不及时挤净初乳可引发临床型乳房炎，一次性将牛奶挤净不仅能最大程度地避免上述情况发生，同时还可以刺激泌乳能力，提高整个胎次的泌乳量。挤奶前后应严格执行药浴程序，防止人为原因导致奶牛乳房炎发生。若新产牛健康状况良好，产后 10~15d 即可转入泌乳群饲养。

# 第八章　新生犊牛的护理与饲养管理

犊牛的生理特点与成年牛不同，出生犊牛各项器官发育不完善，体温调节能力差，对外界不良环境温度的表现极为敏感，消化器官的发育还不健全，瘤胃的容积和质量都很小，随着犊牛的生长发育，瘤胃逐渐增大，在3月龄时开始迅速发育，到了6月龄时前3个胃的容积开始占全胃的70%，另外，犊牛瘤胃的消化机能较差，胃液分泌不足，微生物区系还没有形成，胃蛋白酶还没有形成，胃蛋白酶还不具备其功能性，因此不能消化植物性饲料，随着犊牛的瘤胃生长发育才开始具备消化能力。

初生犊牛的神经系统发育也不完善，另外，犊牛不具备天生的免疫力，在胎儿阶段免疫分子无法经过脐带，并且初生犊牛的免疫系统发育还不完全，因此，对疾病的抵抗力较差，易感染多种疾病而死亡。除此之外，犊牛的生长发育迅速，要根据犊牛的一系列特点实施培育工作。

## 第一节　新生犊牛的产后护理

### 一、保证犊牛呼吸正常

新生犊牛护理的关键环节就是要做好分娩落地的犊牛的处理工作，刚刚接生出来的犊牛，首先要将其喉内、鼻腔内以及身体的血渍和黏液擦干。如果遇见分娩过程中吸入羊水，出现假窒息或假死亡现象的犊牛，需要立刻采取急救措施。饲养者可握住犊牛的后肢，将其吊起，拍打胸部，使黏液或羊水从口腔和鼻腔中喷出，并擦拭干净体表黏液。

### 二、做好断脐和消毒

犊牛恢复正常呼吸后，要注意犊牛的脐部。犊牛的脐带有时会自然扯断，有时需要人工辅助剪断并进行消毒，剪断脐带的长度一般是 10 ~ 12cm，采用浓度为 5% ~ 7% 的碘伏消毒液进行消毒。并在犊牛出生 48h 内，每天进行脐带部位消毒两次，并要观察脐带部位是否有红肿感染的症状出现，一旦发生感染症状就要立刻处理，防止发展成败血症，引发犊牛的死亡。

### 三、及时检查并做好犊牛登记

对新生犊牛要快速进行检查，看犊牛是否存在身体畸形，并进行体重的称量。做好犊牛相关数据的记录，如出生体重、性别、出生日期、外貌和父本母本号码等基本信息并进行永久保存。同时在耳朵上打上数字耳标作为犊牛永久性的标记。另外，在新生犊牛的护理中，还要密切监测犊牛的健康状况，观察犊牛的精神状态，每天检查是否存在腹泻和肺炎的犊牛存在，一经发现立刻隔离病牛并进行治疗，以免传染给其他的新生犊牛，引起犊牛患病死亡，从而降低犊牛的成活率。

### 四、做好保暖工作

犊牛出生后要迅速做好保暖工作，放到铺有软垫和干草的笼子里，并要保证清洁干燥的饲养环境，如果在比较寒冷的季节，还需要运用红外保温灯或者暖炉进行保暖，以防出现犊牛冻死冻伤的现象。

## 第二节　犊牛的饲养管理

### 一、加强犊牛初乳饲喂管理

母牛的初乳中含有丰富的营养成分和免疫球蛋白，能够为犊牛提供优质的营养，同时可以为犊牛提供免疫因子，提高犊牛的免疫功能和抗病能力。此外，乳汁中的镁盐能够加速犊牛胎粪排除，抑制犊牛胃肠道内有害微生物的繁殖。犊牛出生 1h 内应吃上初乳，24h 之内要补充足够的初乳，因为此时犊牛的内脏能够充分吸收大分子的免疫球蛋白，吸收率在 2h 内最高，之后随着时间的延长吸收率会降低。所以要尽早地让犊牛吃上初乳，对于初生比较虚弱、进食能力差的犊牛，可以通过人工灌服的方式帮助犊牛进食初乳。每次灌服量不能超过2kg，两次灌服的时间间隔在6~8h为宜，在灌服时注意操作要轻柔。插入和拔出胃管时都要注意观察，避免将胃管插入犊牛的器官，拔出时避免管内残留的初乳流入犊牛器官。灌服3次后，可以改用奶壶或者奶盆喂养，要保证奶盆和奶壶的清洁干净，喂完之后，要及时清洗消毒。饲喂初乳时要保证初乳的质量，如果初乳质量低，会提高犊牛死亡率，降低犊牛的日增重。所以，牛场管理中，需要引进初乳检测设备，对初乳中的免疫球蛋白含量进行检测，蛋白含量对犊牛增重至关重要，因此在饲喂犊牛初乳的过程中，要严格控制初乳的质量，尽量选择理想的初乳进行喂养。

## 二、维持犊牛良好的健康状态

为犊牛提供干燥并有舒适卧床的牛舍，同时要在犊牛舍中安装通风设备，以保证其空气清新，定时清理粪便，打扫牛舍，必要时可用消毒水喷洒，防止牛舍中产生刺鼻的味道，减少牛舍中通过空气传播的病原菌的数量。提供干净舒适的牛舍是健康养殖犊牛的关键，增添牛舍的挡风设施，在寒冷的季节注意牛舍的保温工作。同时牛舍的采光也很重要，需要备足良好的照明条件，每天保证犊牛的牛舍16h的光照和8h的黑暗。可以保证犊牛有充足采食固体饲料的时间，同时也便于饲养员对于犊牛的健康状况进行观察。饲养员要每天常规巡视牛舍，至少每日一次对犊牛精神状态进行健康监测，观察犊牛的精神状况、异常体征以及进食状况。发现异常犊牛，立即隔离观察并进行及时治疗。

## 三、优化哺乳期犊牛的饲养管理

犊牛在吃足3d的初乳之后，可以饲喂普通牛乳或者代乳品，普通牛乳可以采食母牛生产7d之后的牛乳，也可以按照一定的比例进行代乳品比如奶粉的冲调，一次性进食量不得超过犊牛体重的5%。在哺乳期适当补饲开食料有助于促进犊牛瘤胃的形成，是培养犊牛瘤胃功能的最佳时期，所以应尽早添加开食料，为犊牛提供优质且易消化吸收的开食颗粒饲料。开食料中要保证含有粗蛋白，以及丰富的维生素、微量元素和矿物元素，不但能保证饲料供给犊牛充足的营养，促进犊牛正常增重和营养需求，同时还能促进瘤胃的发育。为犊牛在断奶时能够拥有一个健康且发育良好的瘤胃做好准备，饲料要选用优质颗粒料，避免出现霉变和污染，同时保证饲料的安全性。通过颗粒饲料饲喂，不仅可以保证瘤胃的快速发育，还可以保证犊牛拥有健康的体质，提高犊牛对疾病的抵抗力，增进犊牛健康，提高犊牛成活率。犊牛出生 2~3d 后训练其采食开食料，方法是用手抓取少量颗粒精饲料，放在犊牛鼻子上让其舔舐，经过 2~3d 的训练，犊牛就能自主采食食槽内的饲料。

哺乳期还有一项重要工作，即对犊牛去角。因为带角的牛在饲养过程中，容易对牛舍中的其他犊牛造成攻击和伤害，因此，牛场的饲养员或技术员应严格按照去角技术对犊牛去角。在避免刺激和伤害犊牛的情况下，用电烙铁将牛角隆突的部分进行烙烫，直到周围凹陷为止。

## 四、做好断奶准备

断奶是犊牛生长过程中的一个重要环节，断奶过程中必然会或多或少地引起犊牛产生一些应激反应，所以犊牛断奶要循序渐进。研究表明，犊牛在 8 周龄时瘤胃发酵产生的挥发性脂肪酸的组成和比例与成年牛相似，这说明此时的犊牛对固体饲料已具备了较高的消化能力。因此，哺乳 8 周（56d）左右是犊牛断奶的适当时间。但也有专家提倡 30~45d 时断奶，这对饲养场有较高的要求，犊牛在出生后需要实行相应的饲养管理，且饲草料的品质也应非常优质。当犊牛的采食量能连续 3d 达到或者超过 1~2kg，日增重能达到 0.70~0.85kg 时，可对犊牛实施断奶。在计划断奶饲养时，要逐渐转换牛奶和代乳品的饲喂量，从饲喂期的每天 3 顿改成每天早晚 2 顿，然后逐渐过渡到每天 1 顿喂奶，循序渐进地进行断奶。断奶后要对犊牛补充优质粗饲料。要保证蛋白质含量充足，达到总养分的 1/5。断奶后采用自由采食的模式进行喂养，以最大程度促进犊牛的生长，同时也要保证每天供给充足的饮水，提供舒适干净的生长环境，勤换牛舍垫料。定期给牛舍消毒，并做好牛群传染病的预防工作，保证犊牛处于最佳健康状态。

## 五、做好疫病防控工作

由于犊牛各器官尚未发育完善,易受到病原微生物的入侵而感染疾病,其中腹泻对犊牛养殖业造成的损失最严重,所以腹泻的防治是新生犊牛疾病防治的一项重要环节。腹泻导致犊牛食欲下降,精神状态不佳,排便次数明显增多,且较稀带有异味,随着病情加重,犊牛脱水消瘦,毛发暗淡无光泽,呼吸加剧,排水样粪便,有时粪便中还夹带血丝,最终导致犊牛精力耗尽死亡。犊牛腹泻主要发生在 2~3 周龄,尤其刚刚出生 2~3d 的犊牛最易被感染。引发犊牛腹泻的原因有很多,其中最主要的是大肠杆菌、沙门氏菌等细菌的感染,冠状病毒和轮状病毒的感染以及寄生虫感染等。因此保证犊牛从出生到适应周围环境健康正常生长对预防犊牛腹泻至关重要。

在犊牛的这个阶段,饲养人员要对犊牛的饲喂条件和饲养环境严格把关,做好犊牛保健和腹泻的预防工作。饲喂方面,要保证母牛乳汁的质量和安全,要给妊娠母牛补充全面均衡的营养,饲喂料草时要注意避免霉变、有杂质的饲料,以免引起母牛肠胃紊乱或者营养不良,导致母牛乳汁质量欠佳。同时犊牛的开食料也要防止发生霉变腐败,保证充足的营养水平,且饮水也要非常注意,要饲喂温水,不能饲喂不干净的水或者生水,否则很容易引起犊牛腹泻。饲养环境方面,牛舍内定期打扫消毒,对粪便和母牛胎衣等排泄物及时清理,防止细菌、病毒和寄生虫大量繁殖,犊牛的免疫力较低,易感染疾病。另外温度控制不合理也会引起犊牛腹泻,夏天温度高,细菌繁殖快,犊牛食欲下降,要及时做好防暑降温工作;冬天温度低,要做好防寒保暖工作。

此外,犊牛出生后应该按照养殖场的疫病流行特点,及时免疫接种相应的疫苗。对于经常发生细菌性和传染性疾病的养殖场,在犊牛出生后可以注射相应的抗生素,或者在饮用水中添加矿物质和维生素,以增强机体抵抗能力。并且定期对犊牛开展疾病预防工作,做病原检测,及时掌握健康状况,对病牛或携带病菌牛要及时进行隔离饲养和治疗,防止疾病蔓延,减少损失。

# 第九章　围产期奶牛的疾病防治

本章主要介绍围产期奶牛的常见疾病，对围产期奶牛的常见疾病一一列举，针对各种疾病的病因、发病症状及防治手段进行了详细阐述，为牧场管理者提供参考，以便早发现早治疗，尽可能降低损失。

## 第一节　围产期奶牛的生殖系统疾病

### 一、子宫内膜炎

子宫内膜炎是奶牛产后较为常见的一种生殖系统疾病。子宫内膜炎是子宫的黏膜存在浆液性表现、黏液性表现或脓液性表现，属于多发病，对牛的生殖功能会产生影响，如果不及时进行干预治疗则会导致出现慢性子宫内膜炎，甚至会导致牛的不孕状况发生，进而会使养牛户产生巨大经济损失，所以在这种背景下分析牛子宫内膜炎的诊断和治疗是十分重要的。

#### （一）病因

（1）母牛在产犊过程中感染。母牛在产犊过程中，由于产房卫生条件较差，接产人员不是专业畜牧工作人员，接产前没有做好充分准备，也没有进行严格消毒，接产时对犊牛"生拉硬拽"造成母牛产道损伤，由于没有及时地清洗消炎，几天后伤口发炎，炎性脓液流进子宫，造成子宫内膜炎。

（2）胎衣粘连不下引起感染。母牛产仔后超过 8~12h 胎衣粘连不下或者还没有完全排出，外露部分胎衣就会在母牛趴卧过程中粘连地上的污染物，污染物或细菌就会顺着胎衣进入阴道内。胎衣裸露在体外，细菌会大量繁殖，并且导致体外的胎衣发生腐烂变质，特别是在炎热的夏季，大量的细菌繁殖，加快胎衣腐败，在腐败的过程中，细菌由胎衣从外向内进入子宫内，导致细菌进入破损的子宫内膜，造成子宫内膜炎。

（3）人工输精过程中发生感染。在给母牛进行人工输精过程中，由于输精管或输精枪在输精前没有进行清洗或消毒，输精前对母牛外阴部没有进行清洗，导致粪污或细菌带入阴道或子宫内，从而引起子宫感染；有的输精人员不是专业人员，操作不够规范，另外，要有保定栏或桩，如果母牛没有很好的保定，母牛晃动不安造成阴道或子宫内膜发生损伤，都能够引起子宫感染，发展成子宫内膜炎。

**（二）症状**

慢性子宫内膜炎中，患病牛只大多表现出精神不振，体型相对消瘦，贫血症状明显。从阴门位置排出较多分泌物，通过对其直肠进行全面检查能得出，其子宫壁增厚明显，在阴道检查中能得出子宫颈口肿大现象明显，充血症状突出，卵巢囊肿现象突出。在急性子宫内膜炎中，此病症主要是发生在母牛产后1周的时间内，母牛食欲降低，精神不振，反刍降低，产奶量不足。在阴道处排出较多不干净的渗出物，并伴有恶臭。当病牛处于分娩期及分娩后，在分泌物中存有较多碎片与絮状物。当诸多母牛胎衣不下，出现死胎问题时，在母牛子宫内部会积聚较多脓状分泌物。隐性子宫内膜炎没有较为明显的病状，但是在发情期对其进行配种时总是不能正常受孕。在发情中会排泄分泌出较多紫色黏液，液体中带有较多小气泡，对其检测，其 pH 值要低于 6.5，主要呈现为弱酸性。

**（三）防治**

强化对牛子宫内膜炎的预防也十分重要，对怀孕的母牛要注意对其进行更改饲料，可以多喂食富含矿物质和维生素的食物，注意母牛的营养，还要适当让母牛运动，这样能够提高母牛的身体素质和抗病能力。授精操作之前，需要对操作人员的手臂和机械进行消毒，与此同时也要做好对母牛外阴部的严格消毒工作。操作过程中应该遵循操作要求，操作方法得当，尽量用力均匀，避免对子宫等相关部位产生损伤。在进行治疗的时候，首先要对子宫进行清洗，可以注射乙烯雌酚，以帮助子宫打开进而促进腺体的分泌。通过选择高锰酸钾溶液、普鲁卡因、复方碘、生理盐水、碳酸氢钠等进行子宫的灌注，几分钟以后再采用虹吸方法排出，反复进行清洗，直到排出液体透明为止。当子宫清洗结束以后，可以进行子宫黏膜的用药。以直肠输精的方式向子宫当中注射药物，同时轻轻对子宫进行按摩，以帮助药物和子宫之间进行充分接触。用药的时候可以选择青霉素、链霉素等融入生理盐水中进行用药，也可以选择其他的专用药物进行治疗。

## 二、子宫脱出

子宫脱出是指子宫或者整个产道（包括阴道、子宫颈、子宫角以及子宫体）翻转脱至阴门外面的一种疾病，往往发生于分娩结束后且胎衣排出前10h内。通常是奶牛多发，尤其是老龄、体质瘦弱、经产以及分娩异常的奶牛相对更易发生，如果没有及时进行治疗，会导致严重伤害并危及生命，给养牛户造成不同程度的经济损失。

### （一）病因

从奶牛子宫解剖结构上看，牛的子宫角黏膜约有四排隆起，是一些具有蘑菇状的突出物，称为子宫的绒毛叶阜。妊娠时绒毛叶阜特别大（奶牛的绒毛叶阜妊娠时直径可达10cm左右），是胎膜与子宫相接合的部位。胎膜在妊娠时紧紧包裹着蘑菇状突出物，一般认为，由于孕牛衰老多产，营养不良，饲料单一，缺乏矿物质及运动不足，使生殖器官及子宫阔韧带松弛，容易导致本病发生。分娩后遇强烈刺激，产生过度努责，腹压增高也容易使奶牛子宫脱出。另外，胎儿过大，分娩时间长以致中气下陷，胎宫脉络紊乱松弛，不能固摄胞体所致。再者，由于助产不当，或剥离胎衣时拉力过猛，亦可造成子宫脱出。据有关资料显示，此病可能与内分泌失调有关，如雌激素、催产素分泌太多，分娩时过度努责造成此病发生。

### （二）症状

临床上，主要是阴道脱或者子宫半脱，此时可在奶牛阴门外看到椭圆形的袋状物，开始时体积较小，存在光泽，呈鲜红色，且站起后能够自行缩回，之后体积会逐渐增大，最终不能够缩回。如果奶牛还能够站立，子宫脱出后会在跗关节周围悬垂。子宫黏膜上往往附着没有剥落的胎衣，并分布有紫红色、红色的椭圆形或者圆形母体胎盘。由于不断摩擦后肢以及经常起卧等因素，露出的子宫往往会粘附泥土、尿液、粪便、褥草等污物，经过一段时间后就会变成暗红色，存在淤血，发生水肿，接着发生干裂或者糜烂。病牛初期主要表现出兴奋不安，弓背、努责，接着精神萎靡，虚弱无力，往往卧地不起。如果脱出的子宫发生出血，就会导致黏膜苍白，出现颤栗、虚脱现象，并能继发引起出血或者败血症。

### （三）防治

奶牛发生子宫部分脱出，无须进行特殊疗法，只要注意护理，避免脱出部位发生损伤或者不断扩大。例如，固定奶牛尾部，避免脱出部位与其不断摩擦，避免发生感染，最好采取放牧，如果进行舍饲需要饲喂容易消化的饲料等。

奶牛妊娠期要饲喂含有充足维生素和钙的饲料，尤其是饲喂青绿多汁饲料较少时，要注意每天补喂适量的添加剂。奶牛分娩前 1 周，精料喂量要减少 1/3，但青绿多汁饲料或者品质优良干草的喂量要适当增加；运动时间要适当延长，每天至少要在舍外进行 4h 的运动。奶牛不能采取过度饲养，避免机体沉积过多脂肪而导致体重过高，从而避免发生难产以及子宫脱出。

## 三、胎衣不下

胎衣不下是奶牛产后常见疾病之一，此疾病会降低牛的生产性能，不仅影响产奶量，还会进一步影响奶牛生命质量以及后续生产能力，给养殖户造成一定的经济损失。

### （一）病因

奶牛发生胎衣不下主要是由于妊娠后期饲养管理不规范，或者分娩时受到外界不良因素的刺激，导致机体正常的内分泌活动失调、分娩节律异常以及子宫收缩被破坏，从而引起发病。一般来说，奶牛在夏秋两季相比于冬春两季更容易发生胎衣不下；随着奶牛胎次及分娩月龄的增加，也更容易发生胎衣不下；所有异常分娩，如流产、双胎或者死胎等，都可导致胎衣不下发生率明显升高。

## （二）症状

根据奶牛胎衣不下轻重程度可分成两种类型，即胎衣部分不下和胎衣完全不下。胎衣部分不下是指病牛的大部分胎衣已经排出，子宫内只残留有小部分的胎盘，且在阴门外面较难看到。胎衣完全不下是指整个胎衣都没有从子宫内排出，大部分胎儿胎盘依旧与母体胎盘粘连，只可见阴门之外悬吊小部分胎衣。

奶牛患病后，由于有胎衣残留在子宫内，会频繁刺激母体表现出不安、弓背、努责等症状。开始时影响较小，精神、食欲状况以及体温基本正常。随着胎衣滞留时间的不断延长，胎衣会发生腐败分解，此时往往可见阴门有暗红色的分泌物排出，特别是在其趴卧时明显增多，并散发恶臭味。胎衣腐败时会有毒素产生，当子宫吸收毒素后就会快速出现全身症状，表现出体温升高，精神萎靡，食欲不振或者完全废绝，泌乳量明显减少，严重时还会并发产后败血症，病死率为 1%~4%，对牛场的正常生产效率产生严重影响。

## （三）防治

治疗本病以消炎止痛，防治胎衣腐烂变质和子宫感染，促进子宫收缩、促进胎儿胎盘和母体胎盘分离，防止发生自体中毒为主。可以用促进子宫收缩药物垂体后叶激素，如催产素、雌二醇、前列腺素等治疗。促进子宫收缩的药物使用越早越好，以产后 8~12h 效果最好，超过 24~48h，必须补注类雌激素（己烯雌酚 10~30mg）。同时也要防止子宫内容物吸收和胎衣腐败变质，可以向子宫内注入 10% 的高渗盐水造成高渗环境，同时高渗盐水有刺激子宫壁收缩的作用；为防止胎衣腐败可向子宫内无菌注入 4 万 IU 青霉素或者 50 万 IU 链霉素进行消炎，1 次/d，连用 2~3d。

# 第二节　围产期奶牛的营养代谢病

## 一、酮病

奶牛酮病是泌乳奶牛在分娩后几天至几周内容易发生的一种营养代

谢性疾病，主要特征是酮血症、酮乳症、酮尿症以及低血糖，并表现出停止采食、兴奋或者昏睡、体重减轻、产奶量降低，有时会出现运动失调，往往是舍饲高产奶牛易发。近几年，随着对奶牛泌乳量要求的不断提高，酮病的发病率呈现逐渐上升趋势，该病既会导致奶牛产奶量减少及乳品质变差，也会使其繁殖性能降低。

**（一）病因**

（1）原发性酮病。主要发生在妊娠后期和泌乳初期。妊娠后期，由于体内胎儿快速生长发育，加之维持自身需要，奶牛所需的营养明显增多，如果饲喂能量不足的饲料，就容易导致能量负平衡，从而出现酮病。泌乳初期，由于奶牛产后体况尚未完全恢复，食欲较差，无法摄入充足的营养物质，但其产奶量却明显增多，导致机体摄入的营养不能够满足高产奶量的需求，使机体出现能量负平衡，从而引发酮病。

（2）继发性酮病。奶牛患有某些疾病也能够继发引起酮病，如乳房炎、子宫炎、皱胃变位、网胃炎等，这些疾病会导致奶牛采食量减少或者停止采食。营养不良，再加上产奶量逐渐增加，此时就会大量动员体储，导致体内积聚酮体，从而诱发酮病。

（3）食源性酮病。这是由奶牛饲料中的某些成分引起的酮病，主要是青贮饲料中含有大量的挥发性脂肪酸，如丁酸、丙酸等，其中丁酸是生酮先质，丙酸是生糖先质，如果丁酸水平过高，被小肠吸收后就会进入血液，从而产生大量酮体，另外当青贮饲料含有过多丁酸盐时，导致适口性变差，奶牛采食量减少，因而引发酮病。

**（二）症状**

（1）消化型酮病奶牛临床上较为常见，大多是分娩后几天内发病，尤其是处于泌乳期的高产奶牛，极易导致该病的发生。患病牛会出现食欲降低、精神萎靡等现象。发病前期，停止进食精料，但可以进食一些饲草，发病后期完全绝食。饮水量减少，泌乳量明显下降，日益消瘦，眼窝下陷，皮毛杂乱无光泽，皮肤失去弹性，排尿量明显减少，尿液呈淡黄色且其中含有大量泡沫，散发出一股丙酮气味。部分病牛眼睑出现痉挛现象，步态蹒跚，粪便为球状干粪，表面粘有一些黏液，臭味熏天，母牛乳汁当中也会散发丙酮气味。

（2）神经型病牛不仅会出现消化型症状，而且口角中会流出一些唾液，狂暴不安，频繁摇头，发出呻吟声，磨牙，眼球震颤，有的病牛会转圈，时而前进，时而后退，冲撞一些障碍物。在站立的时候，病牛神经非常紧张，四肢岔开，尾根高举。

（3）瘫痪型病牛会出现四肢无力，步态蹒跚，站立不稳等症状，无法自行站立，食欲下降，精神状态不佳，日渐消瘦，肌肉出现痉挛，体温较低，四肢末端发凉，脉搏减弱，瘤胃蠕动停止，听诊可以发现病牛的肠胃蠕动音明显降低，头颈部出现歪斜，无法站立，产奶量变化不大，乳汁品质下降，有苦涩味、烂苹果味，并且病牛所呼出的气体以及所排放的尿液也散发出烂苹果味。

**（三）防治**

（1）常规治疗方法。①葡萄糖疗法。用高浓度葡萄糖 500mL，还可以在里面适当地添加维生素，进行静脉注射，1 次/d，连续注射 3~5d。② 5%碳酸氢钠液静脉注射 500mL，隔日 1 次，直到酸中毒减轻后停止注射。③肌肉注射维生素 B 50mL，2 次/d，连续注射 2~3d。④灌服健胃散 1 000g、酵母片 100 片，2 次/d。⑤丙二醇或甘油 500g，灌服，2 次/d，连用 5~7d。

（2）激素疗法。对于免疫能力良好的病牛，肌肉注射促肾上腺皮质激素 200~600IU，并配合使用胰岛素，有较好的疗效。此法方便易行，不需要补充葡萄糖，但也有一个缺点，这种治疗方法往往会导致泌乳量下降。

## 二、产后瘫痪

奶牛产后瘫痪是产后突然发生的一种严重代谢紊乱疾病，主要是由于摄取钙和磷不足、分娩过程中损伤肌肉神经等引起的。该病通常是膘情较好且泌乳量高的青壮奶牛易发，往往较快发病，如果没有及时进行治疗，只能对其采取淘汰处理，甚至可能造成死亡，且容易出现复发，严重损害养殖户的经济效益。

**（一）病因**

围产阶段母牛对钙的需要非常小。也就是在干奶阶段，奶牛的钙需求量非常小，每天 10g 左右。此时，血液钙的补充机制相对不活跃。分娩后，奶牛泌乳的启动则会造成不同程度的低血钙，需要钙量急剧增加。母牛产 1kg 初乳约消耗 2.3g 钙，因此，奶牛产犊后，大量钙质随初乳进入乳房，分娩后的母牛不同程度地表现为血钙水平下降。因此，只能通过加强肠道的吸收和动用骨骼中的钙满足泌乳的需要。分娩后母牛发生瘫痪的主要原因有以下三点：一是钙随初乳排出量超过了由肠道吸收和从骨中动员的补充钙量；二是肠道吸收钙的能力下降；三是从骨骼中动员贮备钙的速度降低。由于母牛不能适应分娩应激后泌乳方式的转变，造成低血钙症，产后瘫痪就会发生。

**（二）症状**

产后瘫痪综合征的前期症状为精神迷离不振，四肢肌肉震颤。奶牛会表现异常，站立时四肢会有明显的抽搐感，行动明显变弱，不愿行动，行走时奶牛姿势不正常，开始出现左右摇晃的情况，精神比较沉闷，还伴随磨牙以及摇头等异常反应。产后瘫痪综合征的后期表现为病牛卧地不起，无法站立，颈部出现僵硬状态，呼吸变得缓慢。奶牛四肢开始变得冰冷，体温低至 36℃，头部偏于地面一侧，出现呻吟的情况，瞳孔逐步扩大，最终进入昏迷状态，脉搏也变得微弱。没有经验的养殖户会比较紧张，奶牛会进入假死状态，必须要及时得到治疗，否则奶牛很容易死亡。

**（三）防治**

（1）药物治疗。病牛第 1d 采取强心补液，调整钙磷比例，增强吸收钙离子，刺激胃肠蠕动。静脉注射 500mL 10%葡萄糖酸钙、500mL 25%葡萄糖、3g 安钠咖、25mL 维生素 C，每天 2~3 次；配合肌肉注射 10mL 维生素 $D_2$、20mL 复合维生素 B。病牛第 2d 采取抗菌消炎、补钙，避免发生酸中毒。常静脉注射 500mL 0.9%生理盐水、500mL 10%葡萄糖酸钙、800 万 IU 青霉素、800 万 IU 链霉素、500mL 5%碳酸氢钠、20g 氢化可的松。

（2）干奶期饲养管理。奶牛干奶期要适当控制精饲料的喂量，每天适宜饲喂 3~4kg 混合精饲料，确保供给足够的品质优良的干草饲料，并确保低钙高磷，钙磷比例最好控制在 1.5∶1。另外，干奶期时可采取集中饲养，保持环境卫生良好，坚持适量运动，尽量避免发生应激。

（3）妊娠期饲养管理。随时观察奶牛妊娠期的健康情况，妊娠后期适当增加光照时间，补充一些维生素 D、鱼肝油及胡萝卜素，调控钙磷比例适宜，促使机体能够吸收足够的钙、磷，且产后适当推迟泌乳或者只挤出少量乳汁，用于维持乳房内的压力，避免发生产后瘫痪。临产时可采取单独饲喂或者转入产房，加强监护，避免发病。

# 第十章　围产期奶牛的福利要求

## 第一节　生理福利

### 一、营养福利

围产前期，奶牛的营养需求应以胎儿生长和母体保健为核心，使奶牛逐步适应由粗饲料模式向高精料模式的转化，粗饲料应使用优质全株玉米青贮、燕麦草、羊草等。由于高纤维日粮缩短了奶牛瘤胃乳突的长度，影响了瘤胃对于挥发性脂肪酸的吸收能力，所以从围产前期开始，应根据奶牛的体况与膘情适当增加精料，一般将精料量控制在每日摄入 5～6.5kg，谷物的添加量达到 2.5～3.5kg，日粮中粗蛋白水平调整为 12%～15%，并尽量保证该阶段日粮种类与围产后期一致。对于适口性不佳的饲料，例如过瘤胃脂肪，每头奶牛的日摄入量限定为 85～100g。此期日粮中还可添加甜菜粕、全棉籽，以增强日粮的适口性，促进奶牛的吸收与消化功能。同时，应将日粮比例向泌乳期调整，以减少产后日粮结构改变对奶牛产生的应激效应，降低疾病与产后代谢病的发生。

围产后期，由于母牛刚刚分娩，机体免疫功能较为薄弱，对各类疾病的抵抗力有所降低，特别是产前体重过于肥胖的奶牛，不仅消化机能出现减退，产道尚未恢复完全，而且乳房水肿尚未完全消退，最易引发体内营养需要供应不足。因此，围产后期须提高日粮的营养浓度，将日粮中粗蛋白含量控制在 18%～19%，以满足低采食量情况下各营养成分的实际需要。此外，为提高瘤胃微生物蛋白的合成速度和产量，可在奶牛分娩后补充烟酸，每日每头奶牛的添加量控制在 6～12g，对于高产牛群烟酸的补充应持续至分娩后 10～12 周。围产后期，还应为奶牛补充过瘤胃脂肪，每日每头的补充量控制在200g左右，调离产房后的过瘤胃脂肪的添加量应增加至400~500g。对于初产奶牛，更需关注其应激反应及胃肠吸收消化和排毒功能。分娩后10d内，奶牛每日精料的总添加量需控制在8~9.5kg。注意粗饲料有效纤维的长度，应不小于2.6cm，中性洗涤纤维含量尽可能维持40%以内的水平，还可每天给奶牛饲喂3~4kg优质苜蓿和燕麦草及足量的全株玉米的青贮料，以确保瘤胃的状态充盈及其健康高效的消化吸收功能。总之，围产后期应尽可能缩短泌乳前期能量负平衡的时间，使奶牛尽快恢复体质，以防这一时期代谢病的高发。

## 二、体温维持

围产期应避免奶牛发生热应激反应，为奶牛提供充足的凉水水源是缓解热应激发生的方法之一。同时，应用大功率风扇通风、设置喷淋与遮阴装置，避光降温相互结合是实际生产中最实用、有效的降温方式。此外，研究发现日粮结构对于热应激具有一定预防和治疗作用。在日粮中增添烟酸、维生素C或补充1%碳酸氢钠和0.5%氧化镁，对于热应激的缓解具有积极作用。夏季时，在有优质粗饲干草供给的情况下，可对日粮结构做短期调整，将精粗料调整为65：35的比例，也可以使用品质优良的过瘤胃蛋白饲料，如啤酒糟、白酒糟等。这样的日粮结构有利于维持奶牛瘤胃的正常生理功能，增强机体新陈代谢，加速自身热量的体外散失，以维持奶牛正常体温，减少热应激反应，增强机体免疫力，保证奶牛生产性能的发挥。

水不仅是奶牛饲养中最廉价的重要营养物质，也是奶牛维持体温恒定的重要介质。研究表明，奶牛泌乳期每生产1kg的牛奶需要补充4.5~5.0L的水，这表明奶牛饮水量越大，其产奶量也就越高。除此之外，夏季高温条件下，奶牛更需要补充充足的水分以维持机体内各组织和器官的正常运行，以免失水造成热应激现象。因此，为保证奶牛具有充足的饮水，牛场应设置足够面积的饮水槽。同时，对于围产期的奶牛而言，饮水温度也尤其重要，水温应控制在15~25℃，绝不能让奶牛饮用冰水，以免诱发奶牛腹泻进而导致早产。因此，围产期内要严格杜绝奶牛发生饮水困难或饮用冰水的现象出现。

## 三、免疫力

围产期奶牛经历了巨大的生理与代谢变化，同时分娩应激亦导致机体免疫机能的下降，因此造成奶牛抵御外来入侵和体内病原体侵袭的能力受损，导致各种代谢疾病的发病几率显著升高。若要增强这一时期奶牛的免疫力，需减少此期间的各种应激，并满足奶牛在这一时期对于能量、蛋白质、常量和微量元素等各类营养物质的需求，提高机体免疫力。同时，牧场也可考虑在日粮中添加一些用于增强奶牛免疫力的营养物质，以期维持和提高围产期奶牛的健康状况。

# 第二节　环境福利

## 一、饲养密度与转群频率

围产期为奶牛提供足够的采食空间对于奶牛健康至关重要，饲养密度不应超过 80%。如果饲养密度过大，牛群的采食时间会受到抑制，进而干物质采食量受到影响，奶牛获得的营养物质含量不足，患产后疾病的风险提高。例如，若妊娠奶牛集中在一个月份分娩，致使牛群过度拥挤，造成牛只为争夺饲料或卧床而相互争斗，对临产奶牛造成严重应激，这不仅造成了奶牛干物质采食量大幅下降、血钙水平降低，同时也诱发一系列的代谢病与繁殖系统疾病的发生，例如胎衣不下等疾病的发病率大幅增加。所以，为了降低围产期由于过度拥挤所造成的应激反应，需保证奶牛具有一个良好的采食与休息环境，即足够大的饲槽空间与松软舒适的卧床。结合生产实践，建议围产期奶牛应享有自由散栏的卧床，还应具备松软平整的运动场区，无颈枷的棚舍，每头奶牛至少应该享有不少于 $0.76m^2$ 的饲槽空间，以避免拥挤现象的发生，保障和提高牛群的健康水平。

除了调整饲养密度以外，牧场管理者也应合理利用牛场设施，减少无谓的调群和转群。对于围产前期奶牛的转群，最好在傍晚时分进行，并分拨分批调入。对于临产奶牛，只有分娩开始时，方可把奶牛转移至产房，一旦奶牛分娩结束能够独立站立起来，便应立刻转移到产舍内。因为奶牛每转群一次，便会遭受一次应激性刺激，特别需注意的是，围产期奶牛还易与新同伴发生争斗，这会进一步导致奶牛的干物质采食量减少，从而增加体内脂肪的消耗，导致机体出现代谢问题，进而加重应激反应。

## 二、地面与卧床管理

地面的舒适度对奶牛蹄病的发生以及持续时间有重要影响。研究表明，围产期奶牛分娩前站立的时间与泌乳期奶牛蹄病发生的几率密切相关。因此，围产期需要特别注意奶牛采食站立的区域以及时间。在条件允许的情况下，增加橡胶垫的占地面积替代水泥地面，这一措施不仅能够降低奶牛滑倒的几率，也利于奶牛心情愉悦。同时，围产期奶牛双蹄站立在粪道上也可能造成跛行的情况。为避免这种情况的发生，需要注重奶牛卧床的管理，严格避免因为卧床垫料过少、垫料过湿等原因导致奶牛卧床时感受到约束性，增加跛足的风险。

## 三、防护处理

由于围产后期奶牛体质较差，抗逆性和免疫力显著下降，外加机体处于营养负平衡状态，导致围产期奶牛尤其惧怕寒风突袭。此期间若遇寒风袭击，奶牛患各类疾病的风险几率将进一步升高。因此，在寒冷季节以及冷风突然来袭时，牧场管理者需提前做好防风防寒的准备。例如，北方牧场在极端天气时设置防风遮蔽墙或遮蔽板，也可使用活动卷帘，以减缓寒风对围产期奶牛造成的危害。

## 四、监护管理

1. 产前监护

观察奶牛躺卧歇息时是否有半数以上具有反刍行为，在此基础上，检查奶牛瘤胃的充盈程度，记录奶牛的排粪次数以及粪便评分，对比分析奶牛从干奶期至分娩期的体况和膘情。对于观察数据较差的奶牛，应采取及时有效的措施和调控方案，使围产期奶牛都处于最佳健康状况。

分娩时,产房内应设有专人负责犊牛的接产工作,房间内要铺垫清洁、干燥、柔软的褥草或锯屑。一旦发现奶牛有分娩前征兆,要迅速使用清洁液擦洗奶牛的外阴、肛门、尾部及后躯,并用经过消毒的毛巾擦拭掉清洁液。与此同时,利用新洁尔灭对接产器械进行仔细、全面、反复的消毒,保证切断一切外源性感染途径,使犊牛降生在柔软的褥草上,以便降低外界应激性刺激。

2. 产后监护

产后奶牛的监护工作主要包括每日持续监测体温、奶量、粪便、产道恶露排出情况等任务,以便完成奶牛的产后护理工作。这一期间,保证每天对初产奶牛做一次体况检查,每日测 2 次体温。若奶牛体温出现升温的情况,需及时查明原因并进行治疗。奶牛的健康状况可通过产奶量做出评判。若初产奶牛的日产奶量每日比前一日都有一定程度的递增,那便证明奶牛处于健康状态,反之,如果奶牛的每日产奶量在每日递减,则意味着奶牛处于疾病状态,需进行详细检查以便诊疗。检测粪便时,如果发现奶牛粪便出现稀薄、颜色发灰、恶臭等不正常现象,则表明奶牛瘤胃功能出现异常,此时应适当减少精料水平,增加粗饲料比例。同时要警惕是否发生真胃移位的情况,一旦发现变位需立即对奶牛进行药物治疗或手术处理。除此之外,还应每天早晚 2 次用水洗刷奶牛后躯,特别是臀部、尾根和外阴部,应密切注意恶露的排出情况并将恶露彻底洗净。同时还需观察奶牛的阴门、乳房、乳头等部位是否出现损伤,奶牛有无产后瘫痪征兆的发生,做到早发现早治疗,保障奶牛分娩后及泌乳期间的健康状态,减少犊牛的死亡率以及奶牛的淘汰率。

# 第三节 卫生福利

## 一、卫生福利的意义

奶牛的卫生福利是指预防和减少疾病,避免牛遭受到额外的伤痛,主动减少牛生病频率的一种行为。在生产中,奶牛的乳房炎、趾蹄病、子宫炎等疾病频频发生,而卫生环境差则更会加重这些病症。疾病的产生会导致采食量下降，能量摄入减少，进而导致生产效率降低。围产期是奶牛一生中最重要的阶段，此阶段的卫生福利要求尤为严格，否则会引起多种疾病。围产期奶牛多产生代谢性和感染性疾病，感染性疾病与免疫功能下降以及营养因素有关。奶牛子宫炎分为新产牛子宫炎和临床型子宫炎，新产牛子宫炎发生在母牛产后21d内，外在表现为子宫增大、有恶臭、排泄红棕色液体，全身有症状，产奶量下降，精神萎靡，体温升高。牧场人员在饲喂时应注重奶牛的卫生福利，细心养殖各个阶段的奶牛，通过提高奶牛的免疫力减少疾病的发生。

## 二、卫生福利和乳房炎

奶牛乳房炎是指由于受到外界化学、物理、微生物等的刺激，导致乳房发生病理性变化，乳中体细胞数增多，乳品质下降，是影响奶牛养殖效益的主要疾病之一。奶牛场卫生条件不达标，运动场潮湿、粪便和尿液清理不及时、污水滞留；不对乳头及时清洁，挤奶过程不规范；挤奶次数少，挤奶结束后不对乳头进行药浴，挤奶方式发生改变；日粮营养供给不平衡等都会诱发奶牛乳房炎。机械挤奶方式不当的奶牛场，奶牛更易发生乳房炎，原因主要包括：机械抽力过大且频率不固定，奶牛没奶时依旧抽吸，若频率过多会导致奶牛乳头破裂、出血；机器使用后不洗刷消毒，长期以来导致细菌滋生，在挤奶时易感染奶牛；挤奶员在挤奶时未按照标准挤奶，过度拉扯乳头，挤压乳头管，导致乳头黏膜损伤。饲养员每年进行体检，体检合格才可上岗，工作服应定期消毒，工作时必须穿工作服，不得涂抹化妆品、带饰品，指甲不能过长。饲养员在挤奶前应清洗乳头然后用一次性纸巾擦干乳头，挤奶后对乳头进行药浴且清洗挤奶设备。

## 三、卫生福利和蹄病

舍内散养的奶牛比舍内拴系的奶牛更为自由，然而，这种饲养方法会增加蹄病的发生几率。可以选择在奶牛舍内铺垫草、橡胶垫等来减少蹄病的发病率。不同时期的牛对畜舍系统的要求不太相同，要根据具体需要选择不同方式。床面对腐蹄病有较大影响，混凝土的床面会增加腐蹄病的发生几率；设计不好的床面经多次磨损蹄匣也会加大腐蹄病或其他感染类疾病的发病几率；漏缝地面比泥土地面、光滑的混凝土地面的发病几率大。牛床的垫料要清洁、干燥、柔软，要每天清理，在垫料不足时及时补充垫料。运动场要平坦、干燥，避免瓦片、石子、硬土块等硬物伤到奶牛肢蹄，并且要有一定的坡度，利于积水的排出。在采食通道、挤奶通道、挤奶厅、挤奶站台应设置防滑槽，在牛常去的场所应避免硬物的存在。饲养员要定期清洗蹄系，保持蹄的清洁，经常检查牛的足部，在变成跛脚之前进行修剪，遇到不明情况时及时请教兽医。

### 四、围产期奶牛的卫生福利

围产前期应首先观察是否有 50% 以上的牛只在反刍，其次观察奶牛的瘤胃充盈是否达到 3.5 分左右，牛只的粪便是否在 3~3.5 分。产房要有专人接产，且铺垫干净柔软的垫草，发现奶牛有产犊征兆，要用 2%~3% 的来苏尔清洁，并用干毛巾擦干外阴、肛门等部位，与此同时，为了避免外来感染，还要用新洁尔灭对器械进行消毒，减少外界的应激。产后应通过检测体温、奶量、粪便、恶露排出情况等，对新产奶牛进行体检，每天 2 次测量体温，若有升温应及时查明情况。若分娩后奶牛产奶量每天都有 5% 的递增，则证明较正常；相反，若产奶量一直下降，则证明处于疾病状态，应及时诊治。检查粪便时若出现恶臭、颜色发白等症状，应减少精料的饲喂，同时应警惕是否发生真胃移位，一旦发生，及时寻求兽医进行手术。每天用 2%~3% 的来苏尔给新产母牛洗刷后躯，将恶露彻底洗净，同时还应关注恶露的排出情况，观察乳房、阴门、乳头是否有异常变化，早发现早治疗，保证围产期奶牛的健康。

## 第四节 行为与心理福利

### 一、行为福利

#### （一）行为福利的意义

奶牛行为福利是指动物不受外界的干预，行为由自己掌控，表达动物的天性，不产生恐惧、悲伤等情绪。动物福利委员会认为，动物的行为福利是指动物尽可能地表达天性，不受人为造成的恐惧、悲伤、害怕、痛苦甚至死亡的威胁。奶牛的行为福利是指除了每天的集约化、秩序化的挤奶时间之外的其他时间保持自由的状态，包括自由地进食、饮水、休息以及活动，可以健康地发情、妊娠、分娩和泌乳。围产期奶牛应保持自由状态，正常完成妊娠、分娩等生理活动。现在已得到证实，在人和动物的大脑中，脑神经网络和简单的大脑功能区的基本结构十分相似，都有着大脑边缘系统和情感中枢，然而，情绪的表达却相差很大。牛能通过某些外部特征对人进行区别，犊牛可以识别穿不同衣服的两个人，成年奶牛可以识别穿同一衣服的人，一些公牛还能识别人脸。研究结果表明，在犊牛的饲养阶段采取群饲的方式会降低牛的攻击力。

**（二）奶牛行为控制**

奶牛行为是对内外环境做出的反应，并通过视觉、嗅觉、味觉、听觉及触觉等感觉来实现，奶牛的护犊、寻母、斗殴、抢食、寻偶等行为都与感觉密切相关。能否自然地生活是奶牛福利的一个较难衡量的标准，在某些不利的自然状况下，如极端天气、疾病等条件下会降低奶牛福利。所以有必要进行人为观察，去除不利因素。休息和反刍是奶牛最重要的两个活动，饲养员可以通过观察奶牛的这两个行为，及时发现异常，改变饲养模式，科学饲喂，提高奶牛福利。

1. 休息行为控制

奶牛一天的活动中，采食、休息、反刍各占 1/3，奶牛休息时主要是躺卧，且主要是保持身体平衡。有时将前肢蜷缩在身体下面，一条后腿伸展于腹下，另一条后腿伸向体侧，奶牛的大部分体重是由坐骨结节、后腿的膝关节和跗关节围起的三角形面支撑的。奶牛休息足够可以增加乳房血流量进而增加产奶量，泌乳后期的妊娠子宫血流量也会增加。对于围产期奶牛，产前站立会增加泌乳期蹄病发生的几率，所以，围产期奶牛更需要充足的休息。研究发现奶牛有强烈的休息倾向，若休息时间越短，则这种倾向就越强烈，甚至有些奶牛会通过减少采食时间来休息。在围产期，奶牛的休息行为与采食行为密切相关，在分娩前 2d 和前 6d 有更好反刍表现的母牛在分娩后 1~4d 的采食量和产奶量也更高。

2. 反刍行为控制

奶牛采食的干物质量越多，生产效率会越好，良好的反刍条件是奶牛健康所必备的。反刍是奶牛重要的行为，可以影响消化、吸收、健康和生产。奶牛反刍的步骤为逆呕、再咀嚼、再混入唾液、再吞咽。奶牛会在采食后 1~2h 发生第一次反刍，且会持续 30~50min，再次咀嚼的次数每回为 50~70 次，一个食团在反刍时要保持至少有 55 次的咀嚼，且大部分的反刍行为是在休息时发生的。反刍是奶牛健康的标准之一，若反刍停止则奶牛生病。采食时间过短会出现一种口腔刻板行为，口腔刻板行为是指无特定目标，重复咀嚼的行为，刻板行为包括卷舌、咬尾、假反刍等。在刻板行为中也有正常的元素，但是这些元素都是重复的，频率和持续时间都不正常。造成刻板行为的原因可能是缺乏放牧或者饲喂的饲粮中缺乏粗饲料，反刍行为降低，饲养员要根据不同的情况及时做出调整。自由采食干草和代乳料的组合可以降低口腔异常行为的发生，还可以促进瘤胃的生长发育，增加产奶量。

3. 应激行为控制

应激行为是奶牛福利的一个潜在指标，奶牛常见的应激行为有跺脚、转头、自残等，常见的应激源包括断尾和去角等。养殖场总是会对奶牛进行断尾处理，少了尾巴驱赶蚊蝇，容易遭受蚊蝇的叮咬，所以会出现跺脚、频频转头等行为。断尾在保持乳房干净和预防乳房炎方面并无明显关系，蚊蝇还是疾病传染的媒介，不能驱赶蚊蝇会加大牛的染病几率，且断尾会影响牛的躺卧，还会影响反刍行为和产奶量。断尾的唯一好处是有利于挤奶，我们可通过修剪牛尾的毛来实现此目的。规模化养殖的牛场为了便于管理、避免牛之间的争斗、节省空间以及饲养员的安全，会对牛去角，虽然去角后可减少争斗，然而会降低奶牛的采食竞争，出现食欲不振的现象。去角的过程也极其痛苦，不符合奶牛的福利要求。常用的去角方法有化学法、灼烧法和截取法，三者相比，灼烧法对牛的伤害最小。局部麻醉和保定也会引起奶牛的应激，且局部麻醉并不能完全缓和去角时的疼痛，对去角后的恢复作用较弱。有研究发现利多卡因只在使用后 2~3h 有效，且失效后的皮质醇成分与未使用组的效果相似。

## 二、心理福利

### (一) 心理福利的意义

动物福利关注者和倡导者担忧的是动物的恐惧、焦虑等负面心理，奶牛的心理福利是指减少这些负面心理。疼痛、沮丧是动物的主观情感，而恐惧和紧张是由于受到外来刺激产生的情绪。在养殖中的暴力行为以及装卸、运输、卸载等可引起动物的应激。我国典型的禁食禁水的运输条件会导致奶牛出现脱水、代谢水平受阻、代谢水平增高、离子水平失衡等问题。研究结果表明，慢性应激可导致大鼠产生焦虑、抑郁等负面情绪，还会导致记忆力和认知水平衰退。在牛上的研究结果表明，应激会导致体液免疫和细胞免疫发生变化，增加牛的发病率。奶牛在恐惧的情况下会导致产奶量下降，还会影响妊娠及体细胞数，若换成温柔的方式来挤奶可增加奶牛的产奶量。世界动物卫生组织规定了有关禁止违反动物福利的行为，在养殖时要尽量避免人员的不当操作引起应激，在牧场的工作中应遵守这些规定。

### (二) 提高心理福利的措施

应激是让奶牛产生负面心理的重要因素之一，除了冷应激与热应激之外还有人为因素引起的应激。围产期忽视奶牛的产前特征，不专业的助产和产后护理会导致牛的心理负担加重，情绪低迷，减少采食量，增大患病率。所以应关注母牛的产前特征，采用专业的护理方法护理，减少奶牛的负面情绪。要减少牛的转群频率，对于围产期牛，在产犊开始时才转移到产房，一旦产犊完成并能站立后，应立即转入新的产舍，且最好在傍晚转群。另外，噪声会影响奶牛的心情，让奶牛烦躁，尤其是围产期奶牛更怕惊扰，噪声超过 110~115dB 时，会降低10%的产奶量，某些严重的情况下会导致奶牛早产、流产。可以在产奶厅和产房播放轻音乐舒缓牛的心情，让牛安静，降低难产率，促进牛奶的分泌。买卖牛只也会造成奶牛的应激，具体体现在：一方面是公路运输，长期的缺水缺食环境会增加应激；另一方面是奶牛的宰杀，在宰杀奶牛时要尽量减少奶牛的痛苦与恐惧。

综上所述，在奶牛养殖过程中要时刻从生理福利、环境福利、卫生福利、行为福利和心理福利五个方面关注围产期奶牛的生长状况。整个围产期都应考虑群体的舒适性与福利，加强围产期的细致调节，维系好胎儿和母体健康生长，还应照顾到母牛后期的繁殖性能以及卵巢功能的恢复。福利不仅仅指动物的精神状态和肉体感受，还应包括动物对外界环境变化的应对能力。外部环境包括气候、居住环境等因素，内部环境是指动物内在的营养健康状况。由于动物的自身感受，动物福利的好坏很难进行判断和量化，且动物偏好行为评估也存在一些不足。因此，可收集不同福利条件下奶牛的生产性能、繁殖性能、健康状态等的表型作参考，找出福利条件与生产性能、繁殖性能、健康状况的数据关系，弥补动物偏好行为评估的不足。还应结合我国国情在经济和人道主义之下给奶牛提供尽可能舒适的环境，通过改善环境，进一步提高生产效率和繁殖效率。强调和发展动物福利不仅仅是提高生产效率和繁殖效率的手段，还在一定程度上为消费者确保了食品的安全性，给奶牛从业者和创业者突破壁垒的机会。在饲养者的福利意识的提高以及法律政策等的宣传下，奶牛的福利水平正在逐日提升。

# 参考文献

陈子宁，李妍，高艳霞，等．2015．围产前期日粮能量水平对荷斯坦奶牛产后生产性能和血液指标的影响［J］．畜牧兽医学报，46（11）：2002-2009．

陈国顺．2016．畜禽消化生理特点与营养设计［M］．北京：科学技术文献出版社．

杜兵耀，马晨，杨开伦，等．2016．围产期奶牛的生理特点及营养代谢特征研究进展［J］．乳业科学与技术，1（5）：14-18．

董刚辉，张旭，王雅春，等．2017．三河牛成年母牛体尺体重性状遗传参数估计［J］．畜牧兽医学报，48（10）：1843-1854．

邓家锋．2019．奶牛产后瘫痪原因及防治［J］．畜牧兽医科学（电子版）（13）：131-132．

方晓敏，许尚忠，张英汉．2002．我国新的牛种资源——中国西门塔尔牛［J］．黄牛杂志（5）：67-69．

范铁刚，杨培霖．2018．奶牛粗饲料的加工与应用［J］．现代畜牧科技（5）：55．

冯春梅，杨志红，史春芳．2018．新生犊牛的饲养管理［J］．农家参谋（14）：139．

古丽帕夏·吐尔逊，热依赛·阿不都外力．2017．西门塔尔牛生长发育规律分析［J］．中国乳业（9）：30-33．

胡松庭．2001．奶牛生产实用技术［M］．济南：山东科学技术出版社．

胡成华，张国梁，吴健，等．2009．草原红牛泌乳与产肉性能选育研究［J］．现代农业科技（5）：210-211，213．

惠守明，呼国荣，呼延龙，等．2010．奶牛产后瘫痪的诊断和防治［J］．中国牛业科学，36（2）：93-94．

贺忠勇，肖建国，王会战，等. 2014. 奶牛围产期的舒适化管理与营养福利 [J]. 中国奶牛 (22)：6-8.

韩富鸣. 2020. 奶牛子宫脱出的发生因素、临床症状及综合治疗方法 [J]. 现代畜牧科技 (1)：118-119.

焦蓓蕾，贺永强，杨爱芳，等. 2019. 奶牛福利五项原则的探讨研究 [J]. 中国乳业 (10)：40-43.

孔雪旺. 2005. 南阳黄牛超数排卵、胚胎回收与冷冻保存试验 [D]. 南京：南京农业大学.

李光辉，杨重. 1997. 爱尔夏牛的免疫缺陷状态及其后遗症 [J]. 动物医学进展 (2)：44-45.

刘俊平. 2005. 胚胎工程技术在奶牛繁育中应用的研究 [D]. 杨凌：西北农林科技大学.

刘秀丽，林久锋，胡冰. 2008. 围产期奶牛营养与代谢病、免疫和繁殖的关系 [J]. 中国畜禽种业 (5)：34-35.

刘海林，肖兵南，李志才，等. 2007. 不同品系荷斯坦牛抗热应激能力的研究 [J]. 中国奶牛 (6)：20-22.

雷金龙. 2008. 围产期奶牛血清中 GH、IGF-I 及部分生化指标变化规律的研究 [D]. 呼和浩特：内蒙古农业大学.

赖景涛. 2012. 谈如何提高娟姗牛产奶量 [J]. 黑龙江畜牧兽医 (14)：65-66.

刘刚. 2013. 常见疾病的诊治 [J]. 中国畜牧兽医文摘 (12)：128.

刘胜利，周世彬，尹文帅. 2019. 犊牛的科学饲养管理 [J]. 畜禽养殖业 (11)：23.

穆玉云. 2007. 围产期和泌乳早期奶牛的若干营养策略探讨 [J]. 乳业科学与技术，30 (5)：250-257.

马丽琴. 2010. 音乐和慢性应激对大鼠神经内分泌、免疫及心理行为的影响 [D]. 太原：山西医科大学.

米法英，王翠芳，敖长金，等. 2016. 动物福利对奶牛生产性能的影响 [J]. 中国奶牛 (9)：4-8.

倪宏. 2002. 催乳素与免疫的分子生物学研究进展 [J]. 国外医学

（免疫学分册）（4）：59-62.

彭克美. 2009. 畜禽解剖学［M］. 北京：高等教育出版社.

秦志锐. 2001. 中国荷斯坦牛的育种［J］. 中国乳业（10）：26-27.

邱燕秋，谢海涛. 2014. 奶牛酮病的诊断和治疗［J］. 中国畜牧兽医文摘（3）：130.

任小丽，张旭，王雅春，等. 2013. 三河牛初生体尺和初生重遗传参数的估计［J］. 中国农业科学，46（23）：5020-5025.

任小丽，栗敏杰，白雪利，等. 2019. 中国荷斯坦牛头胎产奶量和乳成分遗传参数估计［J］. 中国畜牧杂志，55（7）：67-70.

沈永恕. 2005. 奶牛胎衣不下的原因与综合防治措施［J］. 上海畜牧兽医通讯（4）：64-65.

苏华维，李胜利，金鑫，等. 2009. 奶牛福利与奶牛业健康发展［J］. 中国乳业（5）：52-56.

苏华维，曹志军，李胜利. 2011. 围产期奶牛的代谢特点及其营养调控［J］. 中国畜牧杂志，47（16）：44-48.

孙庆华. 2017. 奶牛常用饲料分类及作用［J］. 吉林畜牧兽医（3）：34-35.

孙博非，余超，曹阳春，等. 2018. 奶牛围产期饲粮营养平衡和机体营养生理状况评价体系［J］. 动物营养学报，30（1）：14-21.

唐晓萍. 2015. 奶牛胎衣不下病因及防治［J］. 云南畜牧兽医（3）：28-29.

吴长庆，于洪春，张国良. 2000. 中国草原红牛品种资源现状及展望［J］. 黄牛杂志（6）：44-46.

汪翔. 2005. 娟姗牛——一个对荷斯坦牛提出挑战的奶牛品种［J］. 中国畜禽种业（10）：25-27.

王惠生. 2006. 奶牛高效饲养新技术［M］. 北京：科学技术文献出版社.

王力生，殷宗俊，陈兴勇，等. 2007. 德国荷斯坦牛与中国荷斯坦牛性能比较［J］. 中国奶牛（7）：28-30.

吴健，张国梁，刘基伟，等. 2008. 吉林省中国草原红牛培育及选育

提高进程 [J]. 中国畜牧兽医 (11)：152-155.

王洋，于静，王巍，等. 2011. 娟姗牛品种特性及适应性饲养研究 [J]. 中国奶牛 (11)：47-48.

王桂香. 2011. 母牛子宫内膜炎的防治 [J]. 农家参谋 (4)：26.

吴宏军，马孝林，刘爱荣，等. 2012. 内蒙古三河牛培育历程及进展 [J]. 中国牛业科学，38 (4)：48-52.

汪聪勇，苏银池，陈江凌，等. 2015. 荷斯坦牛的繁殖性状及影响因素分析 [J]. 家畜生态学报，36 (10)：45-48.

王凯悦，施爽. 2017. 饲料添加剂在奶牛饲养中的应用 [J]. 畜牧兽医科技信息 (4)：128.

王春华. 2017. 围产期奶牛饲养管理 [J]. 四川畜牧兽医，44 (9)：40-41.

王彦涛. 2017. 奶牛子宫脱出的病因、临床症状及治疗措施 [J]. 现代畜牧科技 (8)：67.

王春华. 2017 围产期奶牛的饲养管理要点 [J]. 江西畜牧兽医杂志 (4)：39-42.

王树茂，李红宇，崔婷婷，等. 2017. 围产期奶牛的饲养管理要点 [J]. 现代畜牧科技 (5)：1-3.

王华清. 2019. 同期发情与超数排卵技术在延边黄牛产业生产中的应用研究 [D]. 延吉：延边大学.

王杨. 2019. 奶牛酮病的发病原因、临床症状和防治措施 [J]. 现代畜牧科技，52 (4)：100-101.

王欣，楚康康. 2019. 规模化奶牛场犊牛饲养管理要点 [J]. 中国畜牧业 (14)：81-82.

王文建，杜文晓. 2019. 犊牛的饲养管理技术 [J]. 当代畜禽养殖业 (7)：24-25.

王智宾. 2019. 牛子宫内膜炎的诊断及治疗分析 [J]. 畜禽业，30 (8)：94.

徐安凯，杨丰福. 2004. 肉乳兼用牛良种——中国草原红牛 [J]. 农村百事通 (21)：41.

许尚忠，李俊雅，任红艳，等. 2008. 中国西门塔尔牛选育及其进展[J]. 中国畜禽种业（5）：13-15.

徐迪. 2018. 世界著名奶牛品种及其生产性能的分析[J]. 现代畜牧科技（12）：24.

幸宏超. 2018. 奶山羊性控冷冻精液人工授精及胚胎移植效果的研究[D]. 杨凌：西北农林科技大学.

杨凤. 2003. 动物营养学[M]. 北京：中国农业出版社.

杨银凤. 2011. 家畜解剖学及组织胚胎学[M]. 北京：中国农业出版社.

余巍，张力青，杨凌，等. 2012. 娟姗牛在湖北省推广应用的可行性分析[J]. 湖北畜牧兽医（11）：20-22.

姚路连. 2014. 奶牛围产期血清相关激素水平动态变化的研究[D]. 扬州：扬州大学.

叶东东，张孔杰，热西提，等. 2015. 影响荷斯坦奶牛305d产奶量的因素分析[J]. 新疆农业科学，48（1）：148-152.

杨富裕，王成章. 2016. 食草动物饲养学[M]. 北京：中国农业科学技术出版社.

杨义虹，熊芳敏. 2016. 常用牛饲料的种类[J]. 养殖与饲料（4）：60-61.

杨冬玲. 2018. 西门塔尔牛饲养管理技术[J]. 今日畜牧兽医，34（7）：56.

袁纯旸. 2018. 浅述奶牛围产期饲养管理要点[J]. 现代畜牧科技（10）：42.

叶耿坪，刘光磊，张春刚，等. 2016. 围产期奶牛生理特点、营养需要与精细化综合管理[J]. 中国奶牛（5）：24-27.

张莹. 2004. 奶牛胚胎移植及相关技术推广应用研究[D]. 雅安：四川农业大学.

祝晓丽. 2012. 母水牛不同生理时期生殖激素变化规律的初步研究[D]. 南宁：广西大学.

张幸开. 2012. 围产期奶牛的生理特点和营养需求[J]. 中国奶牛

（4）：67-70.

张国梁，李旭，吴健，等. 2013. 关于中国草原红牛发展的思考［J］. 吉林畜牧兽医，34（11）：12-13.

赵明礼. 2016. 同期发情及同期排卵-定时输精技术对奶牛繁殖效率的影响［D］. 北京：中国农业科学院.

周自强. 2018. 西门塔尔牛的特点及饲养管理要点［J］. 现代畜牧科技（11）：39，109.

郑卫民，马萌阳，辛亚平. 2019. 奶牛福利及其关键点控制［J］. 畜牧兽医杂志，38（3）：86-88.

赵志成. 2019. 犊牛的生理特点及培育技术要点［J］. 现代畜牧科技（9）：28-29.